Bauakustik

Schutz gegen Schall und Erschütterungen

Von

Dr. Franz Weisbach

Mit 31 Textfiguren

Berlin

Verlag von Julius Springer

1913

ISBN-13:978-3-642-90558-2   e-ISBN-13:978-3-642-92415-6
DOI: 10.1007/978-3-642-92415-6

Vorwort.

Auf dem Gebiete des Bauwesens machen sich seit längerer
Zeit die störenden Einflüsse des Schalles und der Erschütterungen
in immer stärkerem Maße bemerkbar. Die Verlockungen der
neueren Bauweisen und die Verwendung von dichten Materialien,
sowie die sozialen und finanziellen Verhältnisse waren die Ver-
anlassung, daß man beim Bauen auf die Schallwirkung wenig
oder gar keine Rücksicht mehr nahm. Andererseits wurden die
Menschen durch das lebhafte Großstadtgetriebe und durch die
gesteigerten Anforderungen immer empfindlicher gegen un-
erwünschte Einflüsse, so daß der Ruf nach Schallsicherheit immer häufiger und lauter wurde. Als Antwort erschienen die
Anpreisungen zahlreicher Unternehmungen, die absoluten Schallschutz versprachen, die aber häufig nicht imstande waren, ihn
herzustellen. In bunter Zusammenstellung wurden die Maßregeln angegeben, wie man eine Sicherung erreichen könnte, meist
unter Verwendung eines patentierten teuren Verfahrens. Eine
kurze Prüfung aber zeigt schon, daß verschiedene Angaben
vollständig aus der Luft gegriffen sind, während andere nicht
auf das ihnen zugehörige Gebiet beschränkt werden, was doch
gerade wegen der ständig wechselnden Bedingungen bei der Anwendung vonnöten ist. Auch in die Literatur sind die wider-
sprechenden Ansichten übergegangen, so daß es schwer ist, das
wirklich Brauchbare herauszufinden. Mißgriffe und Enttäuschun-
gen, Beschwerden und Prozesse sind die Folgen davon.

Auf der anderen Seite zeigt die Praxis, daß man in der Erkenntnis der akustischen Probleme weit genug vorwärts geschritten
ist, um in vielen Fällen den gewünschten Erfolg zu erlangen.
Auch ist es geglückt, einige Materialien herzustellen, die allen
Anforderungen an ein Schutzmittel gegen den Schall entsprechen.
An Erfahrungen fehlt es nicht, an Darstellungen derselben findet
man eine Anzahl in verschiedenen Zeitschriften verstreut, aber

es fehlt an einer systematischen, umfassenden Zusammenstellung, die dem Praktiker eine rasche Übersicht ermöglicht.

Obwohl für dieses Gebiet der Bauakustik, als Schutz gegen Schall und Erschütterungen, die Grenzen nicht sehr scharf gezogen werden können, ist es doch gerechtfertigt, eine gewisse Gruppe von Erscheinungen als ein Sondergebiet zu behandeln, das sehr wohl eines Studiums bedarf, wenn in der Anwendung der Maßnahmen ein sicherer Erfolg erzielt werden soll. Die Bauakustik litt wie die Raumakustik immer daran, daß man sie als Nebensache behandelte, deren Probleme möglichst durch eine einzige Universalformel gelöst werden sollten. Man unterschätzte die Vielgestaltigkeit der Erscheinungen und suchte die Schuld an den Mißerfolgen gern bei einer einzelnen Ursache; ein Zeichen, wie tief die Wissenschaft der Bauakustik noch daniederlag. Und es ist erstaunlich, wieviel Zeit und Geld dabei vergeblich geopfert wurde.

Im Interesse aller Beteiligten ist es daher zu begrüßen, daß sich Unternehmungen gebildet haben, die sich im besonderen mit den Schutzmaßnahmen gegen Schall und Erschütterungen, gewöhnlich zugleich mit der Isolation gegen Wärme, Wasser und Luft befassen. Immerhin sei man vorsichtig in der Auswahl der Ratgeber, da mit der sogenannten Schallsicherheit noch viel ungehörige Propaganda für teure, aber schlechte Materialien getrieben wird, was bei der Unklarheit über das Zusammenwirken der verschiedenen Faktoren nicht zu verwundern ist.

Die wissenschaftliche Abteilung der Internationalen Baufachausstellung, Leipzig 1913, beabsichtigte eine Klärung der Schallschutzfrage zu veranlassen und die Kenntnisse darüber zu verbreiten, sei es durch Auslegen von bildlichen Darstellungen oder durch Vorführung von typischen Versuchen. Als Mitglied des betreffenden Ausschusses ging ich daran, das mir von meinen früheren akustischen Arbeiten im physikalischen Institut der Universität Leipzig her bekannte Material so weit wie möglich zu ergänzen. Dabei fand ich aufs neue bestätigt, daß die Probleme in ihrer Gesamtheit viel zu wenig geklärt waren, als daß man eine für die Zwecke der Ausstellung entsprechende übersichtliche Darstellung hätte geben können.

Aus diesem Grunde hatte ich mir vorerst die Aufgabe gestellt, alles das Material, das mit der Frage des Schutzes gegen

Schall und Erschütterungen in Verbindung steht, zusammenzustellen und die einzelnen Vorgänge, aus denen die Gesamterscheinungen bestehen können, in einfacher, möglichst systematischer Weise darzustellen.

Es sollte jedoch auf der Ausstellung nicht ganz an Anregungen fehlen, soweit die Bauakustik wissenschaftlich betrieben werden kann, und deshalb übernahm es das Institut für technische Physik in München in dankenswerter Weise, die Schalldurchlässigkeit einiger Materialien nach dem Verfahren von Dr. R. Berger vorzuführen. Das Hauptmoment war dabei, zu zeigen, daß die Stoffe, z. B. Polster aus Flies, Filz, Preßkork, die als Isolatoren gegen Bodenschall angewendet werden, für Luftschall trotz erheblicher Schichtdicke sehr durchlässig sind.

In der Praxis kann man natürlich in den meisten Fällen auf die akustischen Forderungen nicht soviel Rücksicht nehmen, wie im Interesse eines vollkommenen Schallschutzes erwünscht wäre. Die Luftzufuhr, Schutz gegen Feuchtigkeit, Wärmeleitung, Forderungen der Statik, finanzielle Bedenken usf. beanspruchen Maßnahmen, die wohl zum Teil mit denen der Akustik parallel laufen, häufiger jedoch ihnen widerstreben. Welchen Wünschen nachzugeben ist, soll hier nicht entschieden werden, das bleibt dem Ermessen der Sachverständigen für Technik, Hygiene usf. anheimgestellt; aber es wäre wünschenswert, wenn in einer späteren Arbeit die einzelnen Werte zum Vergleich gegenübergestellt würden.

Weiterhin zeigt sich, daß in vielen Fällen die Erscheinungen zu vielgestaltig sind, als daß man von vornherein ein genau bestimmtes bestes Schutzmittel angeben könnte. In jedem einzelnen Falle sind die Ursachen sorgfältig aufzusuchen und die verschiedenen Nebenumstände zu berücksichtigen, ehe eine Entschließung zu treffen ist. Dies ist eine Aufgabe, die eigentlich nur ein durch reiche Erfahrung geschulter Spezialingenieur in jeder Richtung einwandfrei lösen kann. Selbst in sehr einfach erscheinenden Fällen ist man nie ganz sicher, daß die gebrachten Opfer ihren Zweck erfüllen, wenn die einzelnen, oft recht unscheinbaren Faktoren nicht richtig bewertet worden sind. Da bei einer Neuanlage die Berechnung im voraus nicht immer ganz leicht ist, wird man sich öfters begnügen müssen, durch eine schrittweise Änderung nachträglich noch manchen Fehler auszumerzen.

Gelegentlich werden einige Fragen der Raumakustik (Akustik in Kirchen, Theatern, Konzertsälen, Hörsälen usf.) gestreift, so in den Kapiteln über Nachhall und Absorption. Diese Darstellungen machen jedoch nicht im geringsten den Anspruch auf Vollständigkeit, da sie in einem 2. Teile als geschlossenes Ganzes durchgeführt werden sollen. Die Literatur habe ich möglichst vollständig angegeben, um ein Weiterarbeiten zu erleichtern. Daß es noch zahlreicher Untersuchungen bedarf, unterliegt wohl keinem Zweifel.

Da es sich um eine sehr junge Wissenschaft handelt, in der die Erfahrungen noch weit zerstreut liegen und nicht immer als gesichert angesehen werden können, bin ich jederzeit besonders dankbar für Berichtigungen und Hinweise auf Lücken, sowie für weitere Literaturangaben.

Plauen i. V., im September 1913.
Bleichstr. 5.

Dr. Franz Weisbach.

Inhaltsverzeichnis.

Die elastischen Schwingungen.

In der Bauakustik haben wir es mit dem gesamten Schall, also sowohl mit Tönen als auch mit Geräuschen zu tun, an die wir die Erschütterungen anschließen. Als Ton fassen wir periodische Schwingungen der Materie auf, deren Anzahl in der Sekunde, soweit wir sie mit dem Ohre wahrnehmen können, zwischen etwa 16 und 20000 liegt und deren Größe über gewissen Schwellenwerten liegt. Zumeist treten diese Schwingungen nicht als reiner Ton gesondert auf, sondern in Verbindung mit harmonischen und unharmonischen Ober- und Untertönen. Die Geräusche, die je nach ihrer Eigenart als Knall, Rauschen, Pfeifen usw. bezeichnet werden, umfassen alle möglichen aperiodischen Schwingungen. Man muß sich vor gewissen Täuschungen hüten, die dadurch hervorgebracht werden, daß infolge elastischer Nachwirkungen in den Leitern gewisse kurze periodische Schwingungen ausgelöst werden können, die dann im Ohre das Empfinden einer Tonhöhe hervorrufen. Bei der einfachen Stoßerregung bleiben die Fasern bzw. die Nerven des Ohres nicht mehr in genügend starker Schwingung bis der nächste Impuls erfolgt. Auch für die Geräusche haben wir gewisse Schwellenwerte, unter die wir mit unserer Wahrnehmung nicht gehen können, weil die Energie nicht ausreicht, eine minimale Massenbeschleunigung hervorzurufen. Ton und Geräusch kommen mehr oder weniger gemischt vor, und je nach dem Vorherrschen der einen oder der anderen Art werden wir den Schall als Ton oder als Geräusch bezeichnen. Es gibt Geräusche, die nur aus Tönen bestehen, z. B. beim Niederdrücken zahlreicher nebeneinanderliegender Tasten auf dem Klavier. Wie wir den Geräuschen die Erschütterungen gegenüberstellen, können wir auch zu den Tönen langsame periodische Schwingungen in Vergleich setzen, die sowohl Gegenstände, wie auch die Menschen in Mitleidenschaft zu ziehen vermögen, obwohl sie nicht mehr hörbar sind.

Für die Wahrnehmungen mit dem Ohre kommen fast immer nur die Schwingungen der Luft in Betracht. Einen Ausnahmefall haben wir, wenn wir das Ohr, bzw. nur den Kopf, dicht an eine Mauer legen; also haben wir uns in erster Linie mit der Entstehung und Verbreitung solcher Luftschwingungen zu befassen. Da im Bauwesen sonst nur noch die elastischen Schwingungen der festen Körper als wesentlich zu betrachten sind, können wir die Probleme in solche des Luft- und des Bodenschalles einteilen, wobei wir die Erschütterungen unter den Bodenschall einordnen.

Unsere Meßmethoden haben wir entsprechend einzurichten. Es würde uns wenig nützen, wenn wir zur Darstellung der Schallstärke in einem Raume ein Instrument benützten, das nicht nur auf die Luftschwingungen reagiert, sondern auch auf Schwingungen in festen Stoffen, z. B. im Mauerwerk, die für unser Ohr nicht wahrnehmbar sind, uns also gar nicht stören. Andererseits müssen wir getrennt davon auch die unhörbaren Schwingungen der Körper feststellen können, die indirekt noch akustische bzw. andere unangenehme Wirkungen auf uns oder auf irgendwelche Gegenstände ausüben können. Schon bei Verfolgung der Frage, wie die Luftschwingungen, der Luftschall, entstehen, stoßen wir sofort auf die Schwingungen in anderer Materie als Luft (Bodenschall und Erschütterungen), da die einen die anderen hervorrufen können. Es wäre noch kurz zu erwähnen, daß in gewissen Fällen auch Erschütterungen und periodische Schwingungen sich gegenseitig auslösen können.

Bei dieser Gelegenheit müssen wir uns klar machen, welche Arten von Wellenbewegungen überhaupt in Frage kommen und inwieweit sie von technischem Interesse sind[1]):

a) Luftschall: Verdichtungs- oder Longitudinalwellen in Luft, die sich mit einer Geschwindigkeit von etwa 340 m/Sek. fortpflanzen (Fig. 1).

b) Bodenschall:

1. Verdichtungs- oder Longitudinalwellen in unbegrenzten festen Kör-

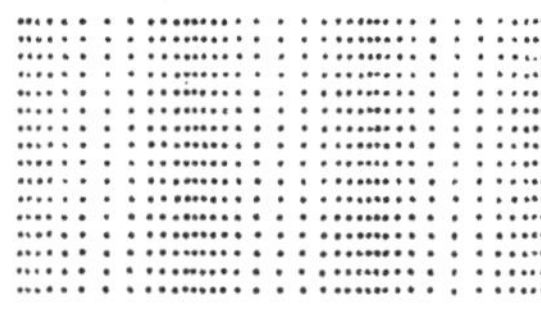

Fig. 1.   →

---

[1]) Vgl. Berger, Diss. München 1911 und Hamburger Fremdenblatt 1912, 25. Sept.

pern (d. h. Körper von großer Ausdehnung). Ihre Geschwindigkeit ist die größtmögliche für Schall und läßt sich feststellen nach der Formel

$$V_{(l)} = \sqrt{\frac{1-\varepsilon}{1-\varepsilon-2\varepsilon^2} \cdot \frac{E}{\varrho}}.$$

$\varepsilon =$ Elastizitätszahl (Poissonscher Koeffizient),
$E =$ Dehnungsmodul (Youngscher Modul),
$\varrho =$ Dichte.

2. Schiebungs- oder Transversalwellen in unbegrenzten festen Körpern (Fig. 2). Sie laufen langsamer (etwa halb so schnell) als jene unter Nr. 1. Sie dürfen nicht

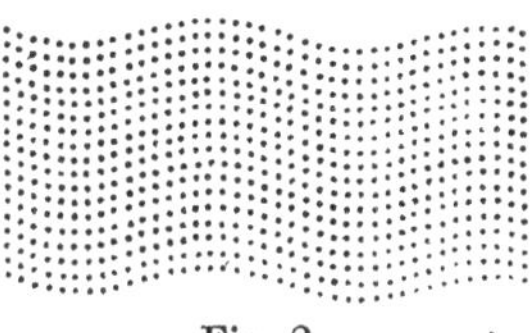

Fig. 2. $\longrightarrow$

mit den Biegungsschwingungen verwechselt werden.

$$V_{(tr)} = \sqrt{\frac{N}{\varrho}} = \sqrt{\frac{E}{2(1+\varepsilon)\varrho}}.$$

$N =$ Scherungsmodul.

3. Dehnungswellen in Drähten und Stäben.

$$V_{(d)} = \sqrt{\frac{E}{\varrho}}.$$

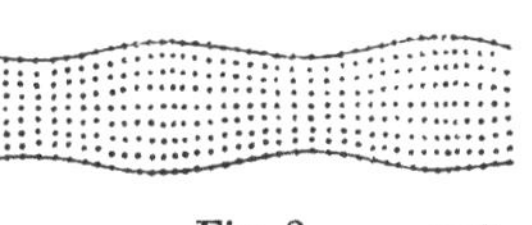

(Fig. 3). Die Geschwindigkeit ist geringer als die unter Nr. 1, dagegen größer als die unter Nr. 2. Da an den seit-

Fig. 3. $\longrightarrow$

lichen Begrenzungen der Drähte und Stäbe keine Kräfte von außen wirken, kann sich der Querschnitt verringern infolge der den Stab durchlaufenden Dehnungen oder vergrößern infolge der Verkürzungen. Verhindert man diese Querschnittsänderung, so wird die Geschwindigkeit gleich der unter Nr. 1.

Es ist stets darauf zu achten, ob die Angaben über Schallgeschwindigkeit in festen Körpern sich auf ausgedehnte Massen oder auf Stäbe und Drähte beziehen.

4. Oberflächenwellen, die sich an den Oberflächen von ausgedehnten festen Körpern fortpflanzen und nicht

tief in das Innere eindringen (Fig. 4). Sie treten auf bei Erdbeben, Fundamenterschütterungen usf. Die Horizontal-Komponente wird gleich Null in einer Tiefe von $^1/_7$ der Wellenlänge, während die Vertikal-Komponente mit der Tiefe langsamer abnimmt.

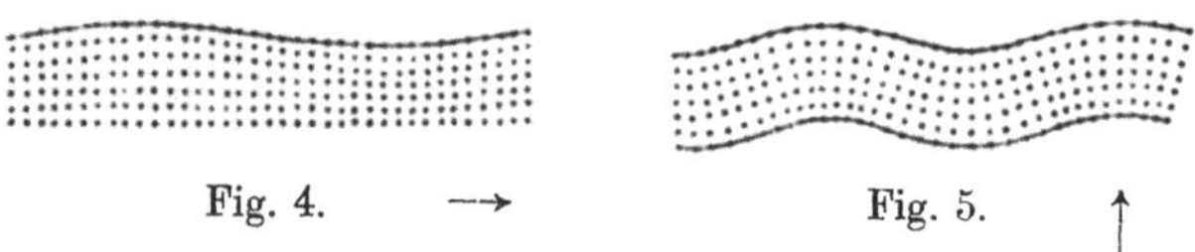

Fig. 4. ⟶ Fig. 5. ↑

c) Biegungswellen (Fig. 5).

Ihre Fortpflanzungsgeschwindigkeit ist von der Tonhöhe abhängig, also nicht unveränderlich wie die der anderen Wellenarten, weshalb man sie nicht zu den eigentlichen Schallformen zählt. Wegen ihrer Häufigkeit und Wichtigkeit jedoch sind sie mit diesen zusammen zu behandeln. Sie sind es gerade, die in hervorragendem Maße den Übergang von Luftschall in Bodenschall und umgekehrt vermitteln.

Schallmessung.

Die Bauakustik litt von jeher unter dem Mangel eines geeigneten Apparates, mit dem man in einfacher Weise den Schall messen kann. In der nachfolgenden Zusammenstellung, die zum großen Teil der ausführlichen Arbeit (Dissertation) von Dr. Berger (vgl. daselbst auch die Literatur) entnommen worden ist, werden wir sehen, daß es an Reichhaltigkeit der Meßmethoden nicht fehlt. Die Schwierigkeit der Messung liegt darin, daß wir es fast nie mit einzelnen reinen Tönen zu tun haben, daß außerdem neben die periodischen Schwingungen der Töne die aperiodischen der Geräusche treten, von den Erschütterungen hierbei ganz zu schweigen. Eine andere Erschwerung ergibt sich aus dem Umstand, daß die Wellenlänge der gebräuchlichsten Töne verhältnismäßig groß ist gegenüber den Abmessungen handlicher Aufnahmeapparate, weshalb also Ungenauigkeiten oft nicht zu vermeiden sind, und daß zahllose Resonanzerscheinungen immer wieder auftreten. Bei Auswahl der geeigneten Methoden für die einzelnen Fälle läßt sich jedoch schon in vielen Fällen ein recht gutes Resultat erzielen.

Da wir zwischen physikalischer und physiologischer Schallstärke zu unterscheiden haben, zerfallen auch die Meßmethoden in zwei entsprechende Hauptgruppen, wovon die subjektiven Verfahren in der praktischen Bauakustik die wichtigsten sind, da sie uns sogleich die Intensität des Schalles angeben, die wir wirklich empfinden, z. B. bei Bestimmung der Geräuschbelästigung und der Nachhalldauer. Nach den physikalischen Verfahren werden wohl die objektiven Schallstärken gemessen oder die Eigenschaften der Materialien bestimmt, z. B. Durchlässigkeit, Absorption, Schalleitung, aber sie klären uns nicht ohne weiteres über die Schallempfindung auf. Auf diese durch eine weitere Rechnung zu schließen, ist nur in Annäherungen und in Verhältniszahlen möglich, da die Empfindlichkeit der einzelnen Menschen zahlenmäßig gewöhnlich nicht bekannt ist. Die größten Schwierigkeiten bieten sich beim Vergleich der Geräusche.

Der Zusammenhang zwischen der physikalischen Schallstärke (Schallreiz) und der Schallempfindung ist durch das psychophysische Grundgesetz gegeben. Das besagt nach dem Fechnerschen Ausdruck, daß sich innerhalb gewisser Grenzen die Empfindungen verhalten wie die Logarithmen der Schallreize. An den Grenzen der Empfindungen wird deren Verhältnis als 1:8 angegeben, wenn die Reize im Verhältnis 1:1 Milliarde stehen.

Die physikalische Schallstärke fortschreitender Wellen, d. i. die Arbeit, die in der Zeiteinheit (Sek.) durch die Flächeneinheit eingeht, ist definiert durch:

$$J = 2\,\pi^2\,\varrho\,\frac{V^3}{\lambda^2}\,A^2 = 2\,\pi^2\,\varrho\,V\,n^2\,A^2.$$

$\varrho =$ Dichte des schalleitenden Stoffes,
$V =$ Schallgeschwindigkeit darin,
$A =$ Schwingungsweite,
$\lambda =$ Wellenlänge,
$J =$ Intensität,
$n =$ Schwingungszahl.

Für einen bestimmten Ton in irgendeinem Medium kann danach die Amplitüde der Schwingung als ein Maß der Schallenergie angesehen werden, jedoch nur bei andauernden periodischen

Schwingungen. Bei kurzen Schallimpulsen, überhaupt bei Schallen, die in ihrer Intensität fortgesetzt schwanken, kann die Schallenergie nicht ohne weiteres aus der Amplitüde in einem gegebenen Augenblicke bestimmt werden, sondern nur aus dem Mittelwert einer einige Zeit dauernden Beobachtung, wie es z. B. bei der Druckwage und bei der Rayleighschen Scheibe geschieht. Für die Bestimmung des Grades der zur Empfindung gelangenden Schallstärke dagegen genügt die Angabe der maximalen Amplitüden. Bei zusammengesetzten Schallen sind die am meisten hervortretenden Tonhöhen einzeln zu messen, sofern nicht wie bei der Druckwage die Energie des ganzen Komplexes gemessen wird. Der physikalischen Intensitätsmessung bereiten die zusammengesetzten Schalle ganz besondere Schwierigkeiten.

Meßmethoden.

1. Schallstärkevergleichung mit dem Ohr (Tonempfindung) oder subjektive Methoden (physiologische Schallstärken). Diese Methoden wurden in der Physiologie und in der experimentellen Psychologie bis zu einem brauchbaren Grad der Genauigkeit durchgebildet und sind bei einiger Übung verhältnismäßig leicht anzuwenden.

a) Reizschwellenmeßverfahren, bei der die geringste, eben noch hörbare Schallstärke zu Messungen verwendet wird. Dieses Verfahren kann nur angewendet werden, wenn keine anderen Schalle störend dazwischen treten.

Man bestimmt nach den Methoden 2b, c, e oder 3a bis d die Schallstärke an einem gegebenen Orte, die nach Zurücklegung eines vorgeschriebenen Weges (z. B. Durchdringung eines Stoffes, Reflexion, . . .) in unserem Ohre das Minimum der Empfindung hervorruft. Am einfachsten geschieht das, indem man in einem Raume so viel gleichartige Schalle (2e), z. B. durch Pfeifen, erzeugt, bis in einem oder dem anderen Nebenraume eben etwas gehört wird. Die Schalldichtigkeit der betreffenden Wände steht dann in einem gewissen Verhältnis zur Zahl der angewendeten Schallquellen. An Stelle mehrerer Instrumente kann man auch ein einzelnes verwenden, dessen veränderliche Stärke leicht gemessen werden kann (3b—d). Die Stimmgabel mit Resonanzkasten erfreut sich einer besonderen Gunst, da die Amplitüde ihrer Zinken und damit ihre Schallstärke sehr einfach zu bestimmen ist, wenn auch gewöhnlich nur in relativen Maßen. Für Versuche mit Geräuschen kommt vor allem der Fallstäbchen- oder Fallkugelapparat (3a) in Frage.

Eine andere Anwendung findet dieses Verfahren bei der Bestimmung der Nachhalldauer.

Als ein Beispiel einer solchen Schallquelle soll hier nur der Stimmgabelfallhammer nach Ottenstein (Fig. 6) angegeben werden.

A ist die Stimmgabel, die mit dem Resonanzkasten B in Verbindung steht und von einem Hammerpendel E mit Gummikopf angeschlagen wird. Die Fallhöhe des letzteren kann auf der Teilung des Bogens H abgelesen werden. Die Auslösung des Hammers erfolgt durch Einschalten des Elektromagneten J in einen Stromkreis oder auch von Hand. Die Fallhöhe steht in einfacher Beziehung zu der erzielten Schallstärke[1].

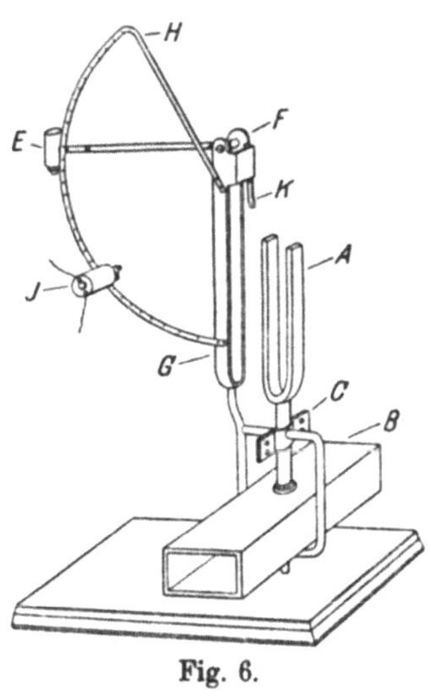

Fig. 6.

b) Verdeckungsschwellenverfahren: Eine meßbare Schallquelle wird in ihrer Stärke so lange verändert, bis sie dem zu untersuchenden gleichzeitig auftretenden Schall gleichkommt; bei Tönen verschiedener Höhe und bei verschiedenen Geräuschen nicht brauchbar.

c) Unterschiedsschwellenverfahren. Schalle verschiedener

---

[1] Vgl. S. Th. Fechner, Elemente der Psychophysik. Leipzig 1860.

Qualität lassen sich auf diese Weise nicht vergleichen. Die Schalle folgen aufeinander mit Abständen von etwa $1^1/_4$ Sekunden.

2. Allgemeine Verfahren, die auf alle Schallquellen anwendbar sind und die eine einzelne Schallquelle (a—d) benützen, deren Intensität verändert wird

    a) nach dem Entfernungsgesetz, d. h. die Schallstärken verhalten sich umgekehrt wie die Quadrate der Entfernung von der Schallquelle. Reflexionen und Resonanz sind dabei unbedingt zu vermeiden, eine kaum zu erfüllende Forderung;

    b) durch Schalldrosselung, die durch einen Schieber an der Öffnung des Schallgebers erreicht wird;

    c) durch Zwischenschaltung von Stoffen. Zwischen Schallquelle und Meßort werden verschiedene Lagen von Stoffen gebracht, deren Dicken ein Maß der durchgelassenen Schalle darstellen;

    d) mit verklingenden Schallen; ein sehr brauchbares Verfahren. Man mißt die Zeit von einem für alle Versuche gleichbleibenden Anfangsausschlag, z. B. einer Stimmgabel, bis zum Augenblicke, in dem der Reizschwellenwert erreicht wird. In sehr bequemer Weise arbeitet es sich mit der Edelmannschen Anordnung (Fig. 7), die darin besteht, daß zwei an den Gabeln befestigte quadratische oder treppenartig ausgeschnittene Blättchen bei bestimmten, sehr genau festzustellenden Ausschlägen sich in ihren einzelnen Absätzen gerade zu überdecken beginnen;

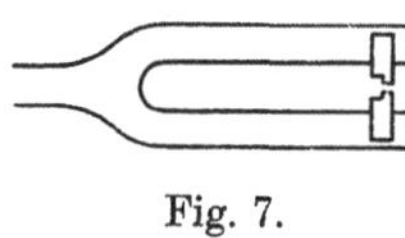

Fig. 7.

    e) mit vielfachen Schallquellen. Die Schallstärke ist von der Anzahl der gleichartigen Schallquellen abhängig;

    f) mit dynamisch ähnlichen Schallquellen; für verschieden hohe und starke Töne anwendbar.

3. Die Methoden der Bestimmung der in Schall umgewandelten Energie sollen nur dem Namen nach erwähnt werden, ihre genauere Darstellung findet man in den Spezialabhandlungen.

    a) Die Fallenergie als Schallstärkemaß (Fallstäbchen- und Fallkugelapparate); von Sturmhoefel für die Zwecke der Raumakustik vielfach benützt.

b) Die Energie der Preßluft.

c) Die Schwingungsenergie.

d) Die elektrische Energie.

4. Die eigentlichen Schallstärkemesser (objektive Darstellung der Schallwirkung).

   a) Mitschwingende Körper (Mikrophon, Telephon, Wiensche Kapsel).

      Messung der Luftschwingungen.

      Messung mittels abgestimmter Körper (Stimmgabeln, Resonatoren).

      Messung mittels nicht abgestimmter, mitschwingender Körper.

   b) Druckwirkung des Schalles (Druckwage, Toeplersche Libelle, Abstoßung von Resonatoren).

      Überdruck in Resonatoren, Dvoraksches Radiometer, Rayleighsche Scheibe.

Als praktische Verfahren eignen sich für die Bestimmung des Grades der Geräuschbelästigung und der Nachhalldauer die der Gruppe 1.

Bei Laboratoriumsversuchen, durch die die Eigenschaften von Materialien, z. B. die Durchlässigkeit, Reflexion und Absorption bestimmt werden sollen, kommen vor allem die Stimmgabeln und Resonatoren (ev. in Verbindung mit dem Saitengalvanometer) in Frage; doch auch nur für einfache Töne und nicht für Geräusche.

Zur Messung der Erschütterungen dienen die Seismographen.

Im Anschluß an die Messung der Schallstärke ist noch kurz zu erwähnen, wie die Tonhöhe (Schwingungungszahl) festgestellt werden kann. Wenn man den schwingenden Gegenstand mit einem mechanischen oder optischen Schreibstift verbindet und diesen auf einer berußten bewegten Platte oder auf einem Film entlang streichen läßt, kann man durch Vergleich mit einer gleichzeitig aufgetragenen Zeitmarke die Anzahl der Schwingungen in der Sekunde unmittelbar ablesen, so wie es beim Seismographen für Erschütterungen geschieht. Bei bestimmten Tonhöhen verwendet man irgendwelche Resonanzapparate als geaichte Meß instrumente, z. B. Luftresonatoren, Stimmgabeln usw. oder eine Reihe abgestimmter Federn, die mit einem schwingenden festen Körper in enge Verbindung gebracht werden (ähnlich den Hartmannschen Wechselstrommessern). Auch mit dem Ohre selbst stellt man die Tonhöhe fest, unter Umständen durch Vergleich mit einer bekannten Tonskala.

Die Klangfarbe wird als Ganzes durch Schreibmethoden untersucht unter der Bedingung, daß keine Resonanz auftritt, oder die Teiltöne werden einzeln mittels Resonatoren ermittelt.

Die Schallempfindung.

Schwerhörige oder Menschen, die an Lärm gewöhnt sind, sind weniger empfindlich als solche, die sich mit Feinmessungen beschäftigen. Je mehr die Menschen geistig arbeiten und je nervöser sie sind, um so empfindlicher sind sie gegen Schall, weshalb auch die Störungen gegen Abend viel unangenehmer erscheinen als am Morgen. Da bisweilen eine Schädigung der Gesundheit eintreten kann, muß man sich gegen die Einflüsse störender Schalle schützen können, ev. durch gesetzliche Handhaben. Vgl. BGB. § 906 und StGB. § 360 Ziff. 11.

Das Ohr ermüdet — oder vielmehr, die Aufmerksamkeit läßt nach — für einzelne Töne, sobald es von diesen besonders stark in Anspruch genommen wird, und zwar ermüdet man für hohe Töne leichter als für tiefe, erholt sich aber auch schneller. Das mag mit darin begründet sein, daß tiefe Töne die Aufmerksamkeit länger in Anspruch nehmen als die hohen, weil sie weniger gleichmäßig an das Ohr gelangen, sei es, daß die Intensität der Schwebungen wegen sich fortwährend ändert, oder daß die deutlich ausgebildeten stehenden Wellen Schwankungen hervorrufen. Und gerade die intermittierenden Schalle sind es, die die Aufmerksamkeit besonders fesseln. Höhere Töne und Geräusche, soweit diese eine bestimmte Höhe besitzen, werden bei gleicher Reizstärke, also bei gleicher physikalischer Schallstärke, als stärker beurteilt, d. h. empfunden als die tieferen. Die physiologische Schallstärke, wie sie auch bei den Geräuschen in Frage kommt, ist am stärksten in der Höhe von 1000 bis 5000 Schwingungen in der Sekunde. Dementsprechend betragen die physikalischen Schallstärken, die eben noch eine Schallempfindung im Ohre auslösen, nach Wien[1]) bei

---

[1]) M. Wien: Über die Empfindlichkeit des menschlichen Ohres für Töne verschiedener Höhe. Phys. Z. 1902, S. 69.

$$N = \begin{array}{rr} 80 & 320\,000\,000 \\ 100 & 1\,400\,000 \\ 200 & 12\,000 \\ 400 & 100 \\ 800 & 8 \\ 1600 & 2,5 \\ 3200 & 2,5 \\ 6400 & 8 \\ 12\,800 & 90 \end{array} \quad \text{Einheiten}$$

$N =$		
80	320 000 000	Einheiten
100	1 400 000	,,
200	12 000	,,
400	100	,,
800	8	,,
1600	2,5	,,
3200	2,5	,,
6400	8	,,
12 800	90	,,

Daraus ergibt sich, daß man Töne von etwa 800 bis 1000 Schwingungen, d. h. aus dem Bereiche der größten Empfindungsstärke nehmen muß, wenn sie z. B. als Signal laut hörbar sein sollen. Andererseits sind gerade diese Töne sonst wegen ihrer Aufdringlichkeit zu vermeiden.

Die Schallempfindung nimmt bei stärker werdenden Schallen nach dem psychophysischen Grundgesetz zu: $E = c \log R$, die Stärke der Empfindung ist proportional mit dem Logarithmus des Reizes, m. a. W., die Empfindlichkeit des Ohres ist gerade schwachen Tönen gegenüber besonders groß, während von einer gewissen Schallstärke an eine Zunahme der Empfindungsstärke kaum mehr wahrgenommen werden kann. Da die Empfindungsschwelle für hohe Töne tiefer liegt und die Empfindungskurve wahrscheinlich rascher ansteigt und das Maximum schneller erreicht als bei tiefen Tönen, erscheinen uns die hohen stärkeren Töne gar nicht so kräftig, obwohl sie viel Energie enthalten. Aber da wir für schwache hohe Töne sehr empfindlich sind, bleiben diese trotz starker Dämpfung durch Isolation usf. (physikalisch gemessen) doch physiologisch noch sehr wirksam. Daher auch die Aufdringlichkeit und Hartnäckigkeit vieler scharfer Geräusche, die sehr viel schnelle Schwingungen enthalten.

Der Schall erregt nicht sofort nach Beginn die volle Empfindung, sondern es bedarf dazu für die verschiedenen Töne und Geräusche immer einer gewissen Einwirkungsdauer. Und zwar erfolgt bei allen Tonhöhen und allen Tonstärken der Empfindungsanstieg mit der Zeit zunächst ziemlich rasch, dann immer langsamer, d. h. die Geschwindigkeit des Anstieges nimmt allmählich ab. Das 1. Maximum der Empfindung liegt bei starken Tönen zwischen 0,6 bis 0,9 Sek., bei schwächeren Tönen dagegen zwischen 1 bis 2,1 Sek.; m. a. W.: es bedarf bei schwächeren Tönen einer längeren Einwirkungszeit, ehe das Maximum der Empfindung erreicht wird.

Tiefe Töne ergreifen nicht nur das Ohr, wie die höheren Töne, sondern auch den ganzen Körper, ähnlich wie es die Erschütterungen tun, nur daß hier Resonanzerscheinungen stärker auftreten können.

Man ist gegen Schalle empfindlicher, wenn die Umgebung im übrigen ruhig ist. Daher wird oft, bewußt oder unbewußt, das Mittel angewandt, den Störenfried durch selbst hervorgebrachte und deshalb nicht so unangenehme Schalle zu übertönen (Pfeifen, Singen, Klopfen). Das Ohr stellt seine Empfindlichkeit auf den intensiveren Schall ein. Auch durch Selbstzucht kann man auf die Empfindlichkeit einwirken, obwohl das manchen Menschen sehr schwer fallen, wenn nicht unmöglich sein wird.

Die Ablenkung der Aufmerksamkeit durch solche äußeren Einflüsse wird vermehrt, wenn das Interesse unwillkürlich wachgerufen wird, z. B. wenn man den Verlauf eines bekannten Vorganges durch Anhören seiner Geräusche zu verfolgen gezwungen ist. Wer einmal gekegelt hat, weiß genau, wenn er in seiner Arbeitsstube das Niederfallen der Kegelkugel auf einer benachbarten Kegelbahn hört, daß binnen wenigen Sekunden ein allgemeines Klappern eintritt, begleitet von mehr oder weniger intensiven Ausbrüchen menschlicher Stimmen. Die Folge der Ereignisse ist ihm so sicher, daß ihn die Pause mehr in Atem hält, also erregt, als die Geräusche selbst.

Andererseits gewöhnt man sich an allerlei Schall, vor allem, wenn er ohne allzu scharfen Rhythmus in gewissen Zeitabständen auftritt (Straßenbahn, Eisenbahn). Das kann so weit gehen, daß das Ausbleiben der Geräusche ein unbehagliches Gefühl erweckt. So kennt das Gesetz auch ortsübliche Geräusche, gegen die juristisch nichts einzuwenden ist, in der Annahme, daß die Menschen, die die Nähe eines solchen Ortes aufsuchen, wohl imstande sind, sich an die Störung zu gewöhnen.

Plötzlich eintretende Geräusche und Töne wirken intensiver und unangenehmer als gleichstarke, aber langsam an Stärke zunehmende. Daher wirkt der plötzliche Übergang der Wagen von Holz oder Asphalt auf Steinpflaster so außerordentlich unangenehm. Ebenso dürfen die an Stärke, Dauer oder in der Klangfarbe veränderlichen Schalle in ihrer Wirkung nicht ohne weiteres den gleichbleibenden an die Seite gestellt werden.

Bei Kesselschmieden hat man die Erfahrung gemacht, daß diese weniger leiden, und daß weniger krankhafte Veränderungen im Ohre entstehen, wenn sie mit den Kesseln, überhaupt mit den schwingenden Körpern nicht in direkter Verbindung stehen. Das zeigt, daß nicht so sehr der Luftschall selbst krankheitserregend einwirkt, sondern vielmehr die durch den Körper geleiteten Schwingungen. Der Zustand der Nerven wird dagegen durch den Luftschall stark beeinflußt.

In der Ferne vernimmt man manchmal einen Schall besser als an näherliegenden Stellen, da sowohl die Reflexion der Wände, vor denen man steht, als auch das Resonieren von festen Gegenständen oder von Lufträumen von maßgebendem Einfluß ist. Schon die Verstärkung durch Bodenreflexion läßt das Entfernungsgesetz nicht zur uneingeschränkten Geltung kommen.

Als Sachverständiger seines Amtes einwandfrei zu walten, dürfte doch nicht ganz so einfach sein, wie man gern annehmen möchte: Büromenschen sind gewöhnlich überempfindlich, dagegen sind die Techniker häufig durch Gewohnheit gegen Geräusche abgestumpft. Es gehören physiologische und psychologische Kenntnisse dazu, um entscheiden zu können, ob die Störung durch Schall für den einzelnen Menschen über das Maß des Erträglichen hinausgeht oder nicht. Ferner müssen die zahlreichen, oft zu ausschlaggebendem Einfluß hervortretenden Nebenumstände, von denen einige in diesem Abschnitte erwähnt worden sind, stets beachtet werden. Die Schwierigkeiten beginnen schon dabei, wenn es festzustellen gilt, welche von einer größeren Anzahl Schall- oder Erschütterungsquellen die wirklich störende ist.

Die Aufgaben der Bauakustik.

Nachdem wir erkannt haben, welches die schädlichen Einwirkungen eines störenden Schalles sind, gehen wir daran, seine Tätigkeit zu verhindern. Einmal haben wir die Aufgabe, uns in einem Raume zu schützen, in dem wir uns zusammen mit dem Schallerzeuger befinden, worunter auch der Schutz der Maschinen vor den eigenen Erschütterungen zu zählen ist. Ein andermal soll die Schallwirkung in einem ferner liegenden Raume vermieden werden. Die Schutzmittel sind entweder rein technischer

Art, oder sie bestehen in einer geeigneten Anordnung der Wohn-
und Arbeitsräume. Die Einwirkung durch Gesetz und Erziehung
(z. B. Lärmen der Kinder) kann hier nicht näher behandelt werden.

Das am nächsten liegende der technischen Mittel, das aber
auch die wenigst allgemeine Lösung gibt, bietet sich im Verstopfen des Ohres mit Watte, Wachs oder Paraffin mit Watte-
flocken geknetet oder mit einem Instrument (Audiophon). Sehen
wir jedoch davon ab, dann bleiben uns als Wege, einen Schallschutz zu erreichen:

1. die Entstehung des Schalles oder der Erschütterungen wird
   überhaupt vermieden, das universellste Verfahren. Das
   läßt sich jedoch nicht in allen Fällen durchführen, sei es,
   daß wir das Vermögen nicht haben oder daß der Schall,
   wie beim Musizieren, in einem gewissen Bereiche tatsächlich vorhanden sein soll. Dann bleibt uns nur übrig

2. den Schall nicht in die nähere Umgebung gelangen zu lassen,
   weder in die Luft noch in feste Körper. Sollte auch das nicht
   möglich sein, dann ist

3. der Luftraum oder der feste Körper (z. B. Fundament),
   in den der Schall eingedrungen ist, nach außen zu isolieren,
   vgl. Durchlässigkeit der Wände und Decken. Als weitere
   Mittel bleiben:

4. die Schalleitung in einem Leiter, z. B. in Mauern, zu unter-
   binden, oder

5. den Schall oder die Erschütterungen am Orte des schützenden
   Menschen oder Gegenstandes nicht zur Wirkung kommen
   zu lassen.

6. Die Anlage einer Stadt oder der einzelnen Blocks und Häuser
   nach hygienischen Grundsätzen zu gestalten.

Welches auch die Schutzmaßnahmen sind, sie dürfen nie
derartig getroffen werden, daß neue Mängel in irgendeiner anderen Richtung auftreten.

Die Schallentstehung.

Das allgemeinste Mittel, die störenden Schalle zu beseitigen,
ist das Dämpfen der Schwingungen am Orte der Entstehung
selbst, bezw. die Vermeidung der Ursachen für eine solche

Entstehung. Zu diesem Zwecke ist es nötig, die verschiedenen Arten der Schallerzeugung kennen zu lernen, um alle Vorgänge umgehen zu können, die irgendwelchen Schall hervorrufen würden.

Als Maßnahmen, Schall entstehen zu lassen, kommt das Spielen von musikalischen Instrumenten, das Sprechen und Singen in Betracht, aber auch beim Gehen und Fahren, in der Haushaltung, beim Bewegen von Maschinen usf. bieten sich weitere zahlreiche Gelegenheiten. Dabei eignen sich zur Schallerzeugung vor allem die Körper, die sich im Zustande freier Elastizitätsschwingungen befinden: z. B. die Saiten, Stäbe, Platten, Membranen, Pfeifen. Auch die Stoffe selbst eignen sich infolge ihrer inneren Beschaffenheit mehr oder weniger gut: Holz und Stahl geraten ohne Zweifel leichter in Schallschwingungen als Blei und Lehm.

Töne und Geräusche treten fast immer gemeinsam auf, und ebenso entstehen auch Luft- und Bodenschall gewöhnlich zu gleicher Zeit. Reinen Luftschall erhält man beim Sprechen, Geigen, Flöten, wenn man von Schwingungen der Erzeugungsorgane absieht. Völlig frei von Bodenschall sind die Explosionen von Gasblasen in der Luft. Bodenschall allein kommt häufig vor, ohne daß man ihn bemerkt, z. B. Reibungsgeräusche im Innern von Holz. Die gemeinsame Erzeugung ist jedoch die gebräuchlichste, zum mindesten hat die eine Schwingungsart die Enstehung der anderen sofort zur Folge. Daß sich der Luftschall verhältnismäßig leicht in Bodenschall umsetzt, erkennt man leicht, wenn man das Ohr an eine Wand legt. Stimmen, die in entfernten Räumen nur in der Luft erzeugt werden, sind im Mauerwerk deutlich wahrzunehmen. Die Zunahme der Stärke in den Türpfosten beweist, daß Holz schwingungsfähiger ist als eine Steinmauer. An der Türe selbst hört man den Schall gewöhnlich wieder schwächer, da zwischen Mauerwerk und Tür keine innige Verbindung besteht. Auch die dünnen, straffgespannten Wände sind sehr hellhörig. Die Aufnahmefähigkeit der Wände erscheint weniger wunderbar, wenn man bedenkt, wie groß die Aufnahmeflächen sind und wie sehr die Empfindlichkeit des Ohres für schwache Schalle zunimmt.

Nach den Vorgängen, die eine Schallerzeugung im Gefolge haben, unterscheidet man:

1. Mechanische Erregung: Streichen, Zupfen, Schlagen, Hämmern, Klopfen, Biegen, Drillen, Reiben, Blasen, Saugen usw.
2. Akustische Erregung: Resonanz (einschließlich der erzwungenen Schwingungen, wozu die Schalldurchlässigkeit infolge der Biegungsschwingungen gehört), Kombinations- Variations- und Unterbrechertöne.
3. Thermische Erregung: ungleiche Ausdehnung von Röhren usf.
4. Elektrische und magnetische Erregung.
5. Chemische Erregung: Explosionen, singende Flammen.
6. Physiologische Erregung: Sprechen, Singen, Bellen usf.

Dabei handelt es sich in der Natur meist um kurze Erregungen, nach denen das System freischwingen kann. In der Musik und auch bei Maschinengeräuschen kommt dagegen in der Regel eine Dauererregung in Frage. Die häufigsten Geräusche verdanken ihre Entstehung dem Schlagen und Reiben.

Dämpfen der Schwingungen am Entstehungsorte.

Töne, Geräusche oder Erschütterungen entstehen nur, wenn irgendwelche Kräfte derart wirksam sind, daß die Materie in gewisse Bewegungen geraten kann. Deshalb muß man darauf bedacht sein, diesen Kräften ein anderes Arbeitsfeld zu geben, wenn man die akustischen Erscheinungen beseitigen will: z. B. die Umwandlung in Wärme und in innere Spannung (potentielle Energie) in den Schwingungsdämpfern. Dieses eigentlich selbstverständliche Vorgehen sei nur deshalb erwähnt, weil man merkwürdig oft versucht, die Schall- bzw. Erschütterungsenergie einfach durch ein Machtwort aus der Welt zu schaffen. Bei Maschinen kann durch geeignete Anordnung die freiwerdende Kraft zu gleicher Zeit der ganzen Arbeitsleistung der Maschine zugute kommen, denn durch das Mitschwingen der Fundamente, Wände und Decken wird den Maschinen völlig zwecklos Kraft entzogen. Andererseits werden die Maschinen in ihren Lagern, Zapfen usw. durch diese Schwingungen stark in Anspruch genommen, und ebenso werden andere mitschwingende Gegenstände der allmählichen Zerstörung preisgegeben, z. B. leiden die Fundamente und die Mauern sehr stark; sie werden rissig und bilden dann eine stetige Gefahr. Auch verschieben sich die tragenden Unterlagen, wie die Maschinen selbst, so daß eine richtige, für den sicheren Gang der Maschine notwendige Druckverteilung nicht mehr besteht.

Je kleiner das Verhältnis von bewegter Masse zur Masse der festliegenden Teile einer Maschine, einschließlich des mit ihr fest verbundenen Fundamentes ist, um so weniger werden diese Teile in Schwingung versetzt, da die Schwingungsenergie nicht ausreicht, sie in merklicher Weise in Mitleidenschaft zu ziehen. Doch nicht nur Größe und Dichtigkeit der anliegenden Massen spielt eine Rolle, sondern auch die Form ist von wesentlichem Einfluß. Jedes Fundament, soweit es überhaupt schwingungsfähig ist, hat seine Eigenschwingungen, die von der Masse, der Elastizität, vom Druck und von der Form abhängig sind. Stimmt deren Periode mit der der Maschinenschwingung überein, so entwickeln sich durch Resonanz ganz besonders starke Schwingungen in beiden Teilen, vor allem wenn die erregende Kraft in der Symmetrieachse des Fundamentes angreift. Das Resonanzmaximum ist bei kleiner Dämpfung am schärfsten ausgeprägt, während es bei größerer Dämpfung einen größeren Bereich hat. Am breitesten ist daher die Resonanz bei aperiodischen Systemen.

Um die Resonanz von vornherein auszuschalten, ist es gut, eine Maschine auf ihrer Unterlage unsymmetrisch aufzubauen, wie es bei Dampfmaschinen aus anderen Gründen immer üblich ist, oder das Fundament unsymmetrisch auszugestalten. Massivdecken mit T-Trägern z. B. schwingen leichter, wenn die Träger in gleichen Abständen und nur in einer Richtung liegen, als wenn noch Querrippen eingezogen und die Felder unsymmetrisch ausgebildet werden. Ähnlich wie die Schwingungen nicht im Fundament zur Wirkung kommen sollen, dürfen auch einzelne Teile der Maschinen nicht in Schallschwingungen versetzt werden. Ganz besonders stark neigen Bleche dazu, durch irgendwelche Erregung in Schwingungen zu geraten, z. B. die Papierauflagen an Schreibmaschinen, Blechgefäße bei Pumpenanlagen usw. Solche Teile sind entweder zu isolieren oder irgendwie am Schwingen zu hindern, z. B. durch dämpfende Unterlagen oder durch Versteifung an den Stellen der Schwingungsbäuche. Auch die intensive Geräuschentwicklung beim Nieten von Eisenplatten, Schienen oder dgl., und das Lärmen von solchem Materiale beim Transport über schlechtes Straßenpflaster findet seine Erklärung in der

Fähigkeit gewisser Stoffe, besonders leicht in Schwingungen zu geraten, und in der Größe der Fläche, durch die der Schall an die Luft abgegeben wird. Beim Nieten kann man die Geräuschentstehung durch Unterlage von elastischen Stoffen nicht hindern, da der Stoß zu voller Wirkung kommen muß. Daher ersetzt man die hohe Druckwirkung des schnellen Stoßes durch hydraulischen Druck, d. h. durch stärkere und langsam wirkende Drucke. Wegen der geringen Massenbeschleunigung entstehen keine akustischen Schwingungen. Auch das autogene Schweißverfahren darf für gewisse Fälle nebenbei als Mittel zur Verhütung von Geräuschen, wie sie beim Nieten entstehen, angesehen werden; genau wie das Schneiden mit verdichtetem Sauerstoff oder mit den mit Kniehebelkraft arbeitenden Schneidemaschinen an Stelle des Abtrennens von Eisenteilen mit dem Kreuzmeißel.

Die Mittel der Schalldämpfung sind so zahlreich wie die Ursachen der Schallentstehung selbst, und sie werden in der Praxis so häufig und so verschiedenartig je nach der Gelegenheit angewendet, daß es genügt, nur einige weitere Beispiele hier kurz anzuführen.

Geräusche und Erschütterungen von rotierenden Teilen einer Maschine sind um so größer, je unsymmetrischer die bewegten Massen verteilt sind, je schlechter die Lager laufen und je weniger fest die einzelnen Teile untereinander verbunden sind. Zur Abhilfe sorgt man für einen Ausgleich der Massen, z. B. in mehrzylindrischen Maschinen ändert man die gegenseitige Versetzung der Kurbeln. Nebeneinander stehende Maschinen sollten nicht in gleichem Rhythmus laufen, wenn ihre Schwingungen zu stark werden. Bei schnellaufenden Maschinen müssen die rotierenden mit der Luft oder mit festen Gegenständen in Verbindung stehenden Teile möglichst glatt sein, besonders am Außenrand, damit nicht wie bei den Sirenen Töne oder Geräusche entstehen. Den Kreissägen, die aus demselben Grunde so unangenehm wirkenden Schall erzeugen, kann man allerdings die Zähne nicht nehmen; sie sind deshalb schalldicht einzuschließen. Zahnrädergeräusche sind durch gute Schmierung, sorgfältige Lagerung, durch genaues Ineinanderpassen der Zähne oder durch geeignete Wahl des Materiales der Räder (Holz, Fiber, Leder, Tuch, Papier) zu beheben. Bei Transmissionen entstehen äußerst unangenehme Geräusche durch Anschlagen der Riemenschlösser, wenn diese nicht sehr glatt gearbeitet sind. Das Scharren der Stühle auf hartem Boden wird vermieden durch Gummistücke an den Stuhlfüßen. Ebenso wirken die Gummisohlen an den Schuhen. Statt den bewegten Gegenstand stoßdämpfend auszugestalten, kann man auch die Unterlage aus elastischen Stoffen herstellen.

Dabei darf durch die Dauerbelastung oder durch den Schlag weder die Elastizitätsgrenze der Unterlage überschritten werden, noch darf die Schalldämpfung so weit getrieben werden, daß die beabsichtigte Schlagwirkung z. B. bei Hämmern, bei Schreibmaschinen nicht mehr erreicht wird. Das Beachtenswerte dabei bleibt nur, daß der Stoß nicht zu plötzlich wirkt und hierdurch die Maschine zu stark beansprucht. Bei Dampfhämmern isoliert man entweder das Fundament über der Bausohle oder nur die Schabotte oder auch beides zusammen. Beim Gehen wird ein Stoß nicht erfordert, weshalb die Dämpfung so gut als möglich sein kann. Zu diesem Zwecke werden in Wohnungen Korklinoleum, Korkestrich oder Unterlagen aus Kork, Filz, Pappe, Bast, Sand usw. unter gewöhnliches Linoleum verwendet. Die Wirkung bleibt gut, wenn das Linoleum oder der Estrich nicht hart und brüchig wird, sei es durch falsche Behandlung beim Reinigen oder durch solche Unterlagen, die einem Durchdrücken der Oberschicht nicht genug Widerstand entgegenstellen. Teppiche, Matten und Stoffbespannungen dienen dem gleichen Zwecke der Stoßdämpfung; ihre Wirksamkeit nimmt mit der Dicke des Materials zu und hängt im übrigen von dessen Nachgiebigkeit ab. Elastische Unterlagen gehören auch dahin, wo durch Abladen von Lastwagen — das Fallen von Fässern, Kisten u. dgl. — Lärm entsteht.

Andererseits kann die Masse der Unterlage wie bei den Fundamenten so groß gemacht werden, daß sie nicht mehr in Schwingung zu versetzen ist, wobei allerdings zu beachten ist, daß dann das Schlaginstrument um so stärker in Schwingung geraten kann. Stark gespannte Decken aus einem Guß oder aus festverbundenen Teilen führen trotz ihrer großen Masse zahlreiche Schwingungen aus, die durch eingelagerte Hohlräume häufig verstärkt werden, und zwar um so mehr, je weiter die Spannung ist. Die fest abbindenden Estriche neigen sehr leicht zur Schallentwicklung, wenn sie nicht auf einer festen Unterlage ruhen.

Eine Zwischenlage von Kork oder Filz mag wohl ein Fortleiten des Schalles nach unten verhindern, kann aber andererseits die Ursache sein, daß der Estrich wie eine isolierte Schallplatte wirkt. Bei der großen Ausdehnung dieser Fußböden findet eine starke Abgabe der Schwingungen an die Luft statt. Dieselbe Gefahr liegt bei Holzfußböden vor, vermehrt durch das unleidliche Knarren der Bretter. Auffällige Unterschiede zeigen sich bei Holz- und Steintreppen, sofern diese nicht in einem großen Stück von geringer Stärke gestampft sind. Freilich haben die Holztreppen den großen Vorteil, daß sie dumpf klingen und daß sie den entstandenen Schall selbst wieder gut absorbieren, so daß dieser nicht zu der unangenehmen Wirkung kommt, wie es in steinernen Treppenhäusern gewöhnlich der Fall ist.

Auf der Straße variieren die Belege vom elastischen oder formbaren erdenen Fußweg bis zum Steinpflaster. Weiteres über Beseitigung von Straßengeräuschen auf S. 85.

Türen- und Fensterschlagen bilden eine häufige Belästigung, gegen die durch Einlagen aus Filz, Tuch, Kork, Gummi, durch sorgfältiges Abpassen oder durch federnde Türschließer vorgegangen wird. Ganz besonders unangenehm sind die klirrenden Geräusche der metallenen Gittertüren bei Fahrstühlen, die wegen der kahlen Gänge und deren Verbindung durch den Fahrstuhlschacht lauter erscheinen. Andere Störungen durch Fahrstühle, z. B. durch Geräusche der Maschinen, kommen bei gut laufendem Räderwerk mit geeigneter Unterlage kaum mehr vor. Ideal ruhig laufen die Fahrstühle auf Stempeln, wie sie in den amerikanischen Wolkenkratzern üblich sind.

Als weitere Schallbelästigung ist das Aufschlagen von Regentropfen auf Fensterbleche oder auf die Dächer zu erwähnen, das bei Blech und Schiefer stärker ist als bei Stein und Ziegel.

In Hotels geben die Wasserleitungen häufig Anlaß zu Beschwerden, da das Wasser ein Rauschen verursacht, wenn es schnell fließt, besonders bei Querschnittsänderungen, also auch am Ausfluß, und wenn es scharfe Ecken durchlaufen muß. Die Luftströmungen der Ventilatoren zeigen ein ähnliches Verhalten. Die Auspuffgeräusche der Explosionsmotore werden durch Schalltöpfe am Ende des Auspuffrohres vermindert, während das Pfeifen beim Ansaugen durch reichliche Luftzufuhr zum Aussaugerohr vermindert wird. In diesem Falle wird das Reiben der Luft am Ende des Rohres oder an den Eingängen zum Vorraume vermieden, dagegen wird dort der plötzliche Übergang von hohem zu geringem Druck und Hitzegrad verlangsamt, da er sonst wie ein Schlag wirkt. Die Luft selbst stellt dabei das elastische System dar, ähnlich wie in den pneumatischen Türschließern. Töne von bestimmter Höhe können in manchen Fällen durch Interferenzrohre vernichtet werden, deren Wirkungsweise gegenüber dem Luftschall dann ähnlich ist der der periodisch arbeitenden Schwingungsdämpfer gegenüber dem Bodenschall. Auch Röhrenresonatoren, deren Endplatte schwingungsfähig ist, vernichten Luftschall durch die innere Reibung der Endplatte. Schließlich bleibt als Dämpfer für Luftschall noch eine längere, mehrfach gewundene und geknickte Luftröhre zu erwähnen, in der sich der Schall nach mehrmaligen Reflexionen mit gleichzeitigen Absorptionen sozusagen totläuft, ähnlich wie in den Schalltöpfen der Explosionsmotore.

Von den musikalischen Instrumenten bereiten dem Nachbar diejenigen die größeren Schmerzen, die mit dem Fußboden direkt verbunden sind, wie das Klavier und das Cello. Wo die Rücksicht auf die Umgebung größer ist als die auf gute Klangwirkung im Musikzimmer selbst, müssen isolierende Materialien unter die Füße der Instrumente gelegt werden (S. 79). Gegebenenfalls können beide Wirkungen erreicht werden, wenn das Instrument mit oder ohne Vermittelung eines Glasfußes auf dem Holzfußboden steht, dieser aber nach unten und nach den Seiten isoliert wird. Klaviere, die dicht an einer Mauer stehen, erregen in dieser viel stärkere Schwingungen als solche, die abseits aufgestellt sind oder die durch eine Isolationsschicht (Decken, Teppiche) von der Wand getrennt sind. Weiteres über Schalldämpfung ist in den Kapiteln über Schalleitung und -abgabe der festen Körper zu finden.

Schwingungsdämpfer.

Bei Maschinen ohne feste schwere Fundamente, z. B. in höheren Stockwerken, in denen man solche Fundamente nicht aufbauen kann, muß die Schwingungsenergie anderweitig unter-

gebracht werden, indem man sie etwa auf ein elastisches System
überträgt, von dem sie unschädlich gemacht wird. Für diese
Zwecke wendet man verschiedene Arten von Schwingungsdämpfern an, die in ihrer einfachsten Ausführung aus Platten von

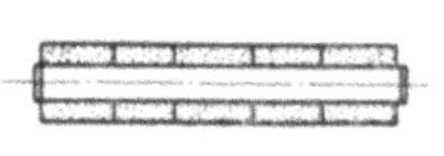

Fig. 8.

elastischen Materialien, wie Gummi, Filz,
Kork, Gewebebauplatte usw. bestehen, und
die z. T. zur Vermeidung des seitlichen
Ausweichens mit Eisenbändern armiert
werden (Fig. 8 und S. 73). Durch ge-
eignete Zusammenstellung mehrerer Platten entstehen die im
Handel gebräuchlichen Dämpfer für Sonderzwecke (Fig. 9, 10
und 11). Die Hauptbedingung bleibt bei den Schwingungs-

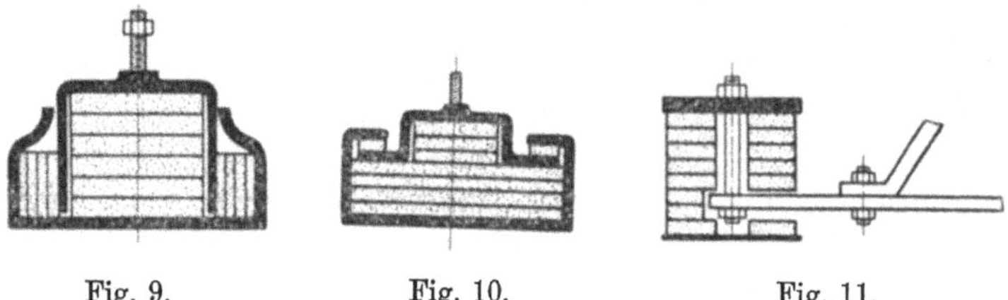

Fig. 9.   Fig. 10.   Fig. 11.

dämpfern genau dieselbe wie bei einfachen Unterlagen, daß sie
genügend tragfähig sind und daß ihre Elastizitätsgrenze nie
überschritten wird, da bei einer dauernden Deformation die
Fähigkeit, zu dämpfen, stark eingeschränkt, wenn nicht gar-
aufgehoben wird. Die Dämpfer müssen daher je nach der
zu tragenden dauernden oder zeitlichen Belastung genügend
stark gewählt werden, oder die Massen müssen auf größere
Flächen des Dämpfungsmaterials, bzw. auf eine größere Zahl
von Schwingungsdämpfern verteilt werden. Zu diesem Zwecke
werden über das Isolationsmaterial Eisen-, Stein- oder Holz-
platten (Holzbohlen) gelegt, auf die die Maschine montiert
wird. Wenn die Maschinen wegen der festgesetzten Arbeits-
höhe nicht höher gestellt werden dürfen, dann verwendet man
Brücken, wie sie in Fig. 11 und 12 dargestellt sind, oder man
versenkt das Isolationsmaterial im Fundament, oder endlich
man befestigt die Schwingungsdämpfer an der Unterseite der
Decken und führt die Maschinenfüße isoliert durch die Decken-
schicht. Man kann auch die Maschinen, die es vertragen, unte

Einschaltung von Unterlagsrahmen oder Platten auf starke Stahl-
bandfedern oder Spiralfedern lagern (Fig. 12 und 13). Jedoch
muß man sehr wohl darauf achten,
daß diese Federn gegen den Boden
isoliert sind, durch Kork oder dgl., und
daß deren Schwin-
gungszahl mit der
der Maschine nicht
übereinstimmt oder
ein Vielfaches davon
ist, denn sonst er-

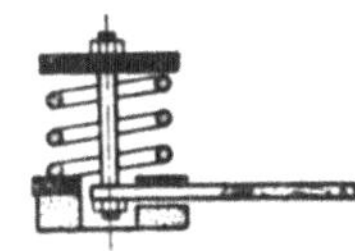

Fig. 12.

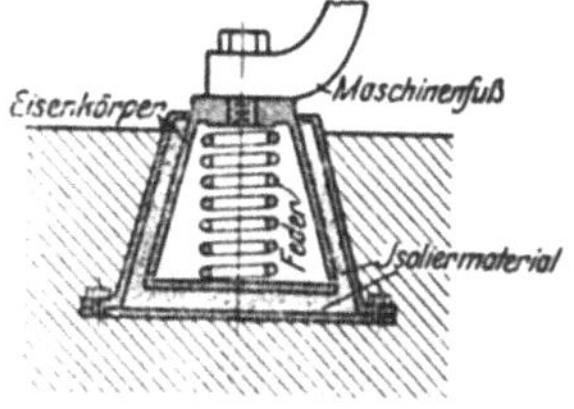

Fig. 13.

hält man durch Resonanz das besonders stark, was man, wie
oben bei den Fundamenten gesagt wurde, gerade vermeiden
will (vgl. S. 17). Liegt die Maschinenschwingung höher als
die des Dämpfers, so muß beim Anlaufen der Maschine
der Resonanzpunkt überschritten werden. Wenn auch diese
Verstärkung nur kurze Zeit andauert, so darf sie doch nicht
zu einer Höhe ansteigen, bei der der Maschine Schaden zugefügt
wird, und es darf gerade bei dieser Gelegenheit nicht vorkom-
men, daß, wie immer wieder zu erwähnen ist, die Elastizitätsgrenze des Dämpfers überschritten wird. Diese Resonanzerscheinungen zu beobachten, haben wir sehr oft die Gelegenheit, da ja
beinahe jede Unterlage ein mehr oder weniger elastisches System
bildet (vgl. die Kurven von Berger auf S. 67). Sie kommen
weiter in Frage beim Zittern der Schiffe, beim Schwingen der
Brücken, der Wellen von Maschinen, Transmissionen usw. Bei
leichteren Drucken ist auch die wegen der geringen inneren
Reibung periodische Art der Dämpfung von Kork, Gummi usf.
zu beachten. Andere Materialien, wie Preßkork, Gewebebauplatte, Preßfilz werden unter so hohem Drucke hergestellt, daß sie
eine geringe Elastizität haben und daher aperiodisch dämpfen.
Wegen dieser Eigenschaft ist solchen Stoffen auch keine ewig
dauernde Haltbarkeit beschieden.

Der besonderen Wirkung der Rügen-Fundamente muß hier
noch gedacht werden, die aus Gummiplatten bestehen, auf die
die Maschine vermittels einer untergeschraubten Platte ohne
jede Verankerung gestellt wird. Dabei ist auf eine gute Glät-
tung der Platte und des Fundamentes zu sehen. Neben
den Druck der Maschine selbst tritt die Adhäsion des Gummis

und der Luftdruck, der verhindert, daß sich die Gummiplatte stellenweise abhebt. Bei Maschinen, die durch seitlichen Zug beansprucht werden, können diese Fundamente nicht angewendet werden.

Ausbreitung des Luftschalles.

Ist es trotz aller dieser Maßnahmen nicht gelungen, die Schallerzeugung hintanzuhalten, so kann man versuchen, die ganze Maschine oder den schallerzeugenden Teil akustisch dicht abzuschließen. Die Auswahl der Materialien geschieht nach der Größe der zu umhüllenden Teile, nach der Schallstärke, der Tonhöhe und schließlich nach äußeren Rücksichten. Da wir es hier vorläufig nur mit Luftschall zu tun haben — wir berücksichtigen nur den Fall, daß wir neben dem Erreger den Schall mit dem Ohre wahrnehmen — müssen wir dementsprechend die Isolatoren wählen. Ich muß bezüglich der Durchlässigkeit von Materialien auf die späteren Abschnitte verweisen, kann hier aber vorausschicken, daß ganz allgemein ein nicht poröses Material um so undurchlässiger ist, je schwerer es ist und je kleiner seine Oberfläche ist. Auch ein Abdichten durch Doppelplatten mit zwischenliegenden Lufträumen hat meist keinen Wert, und ebenso sind poröse Körper, wie Fries, Filz, Watte und Kork von sehr geringer Wirkung. Daß selbst ganz geringe Spalten und Löcher erstaunlich viel Schall durchlassen, ist eine Erfahrung, die wir mit Bedauern oft genug machen müssen. Ich erinnere nur an die merkwürdige Bauweise von so vielen Telephonzellen.

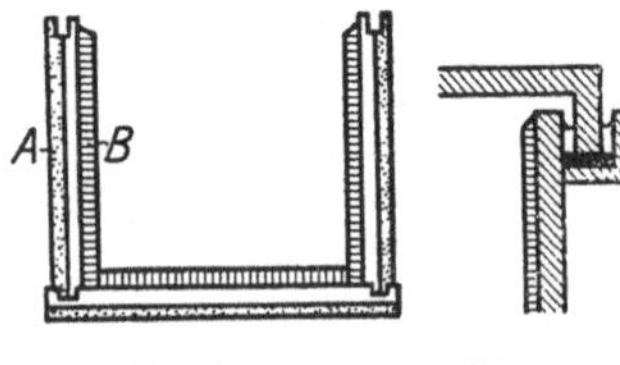

Fig. 14.   Fig. 15.

Die Fig. 14 zeigt die bewährte Bauart kleinerer Kästen für den schalldichten Abschluß von Schallquellen. *A* stellt die Dicke und dichte unporöse Hauptschicht dar (Eisen, Blei, Hartholz, gewöhnliches Holz mit Bleieinlage, gekreuzte Doppelholzschicht oder dgl.), *B* ist die innere gut absorbierende Schicht. Die Fugen müssen sehr gut abgedichtet sein. Fig. 15 zeigt das schalldichte Aufsetzen von einem Deckel durch Vermittelung einer wasser- oder öl

haltigen Nut, die um den oberen Rand des Kastens herum-
läuft. Selbstverständlich darf zwischen dem Erreger und den
Wänden keine Bodenleitung bestehen, d. h. die Schallquelle
muß an elastischen Schnüren aufgehängt sein, oder sie muß
auf einem dicken Wattebausch oder dgl. liegen. Der Bau
der Telephonzellen hat nach denselben Prinzipien zu erfolgen
(vgl. S. 59).

Mit all den Mitteln der Unterdrückung können wir uns jedoch
nicht immer schützen, da es Fälle gibt, in denen der Schall not-
wendigerweise entstehen muß. Wenn wir Musik erzeugen, empfinden wir im selben Raume keine Störung, abgesehen von unangenehmen Nebengeräuschen, deren Beseitigung jedoch fast
immer Sache der Instrumentenkunde ist. Fälle wie Störungen
durch das Podium sollen in der Raumakustik behandelt werden. Aber in Nebenräumen leiden wir oft genug unter den
Schallwirkungen musikalischer Instrumente, über deren Ein-
schränkung das Nötige auf S. 35 ff. zu finden ist. Also es kommt
hierbei nicht auf ein Vernichten des Schalles im Raume selbst an,
sondern auf die Verhinderung der Schallausbreitung über gewisse
Grenzen hinaus. Im Gegenteil, in den meisten Fällen muß die
Klangwirkung durch die Räume verstärkt werden, also die Absorption ist entsprechend einzurichten, wie sich das aus den Ge-
setzen der Raumakustik ergibt.

Von dem von einem Instrument irgendwie erzeugten Schalle
gelangt nur ein kleiner Teil direkt in unser Ohr, denn die Ohrmuschel als Aufnahmefläche — die Schädelknochen und der
übrige Körper spielen dabei keine wesentliche Rolle — ist sehr
klein im Verhältnis zu den Räumen, auf die sich der Schall verteilt. Nach dem Entfernungsgesetz verhalten sich die physikalischen Schallstärken (J), die an unser Ohr gelangen, umgekehrt
wie die Quadrate der Entfernungen (r), während die Schall-
empfindungen dem psychophysischen Grundgesetz entsprechend
weniger schnell abnehmen. In einer Entfernung von 1 m von einer
punktförmigen Schallquelle bildet die Ohrmuschel mit etwa 20 qcm
Fläche $\dfrac{1}{6280}$ der ganzen Kugeloberfläche der bis dahin gelangten
Schallwelle, mithin erreicht das Ohr auf direktem Wege nur $\dfrac{1}{6280}$
der ausgesandten Schallmenge, und selbst davon kommt nur ein

Teil zur Wirkung auf das Trommelfell. Während also für die eben erwähnten Kugelwellen das Gesetz gilt $J = \dfrac{J_0}{r^2}$, breiten sich die Zylinderwellen nach der Formel $J = \dfrac{J_0}{r}$ aus. Ebene Wellen verlieren durch Fortgang allein überhaupt nichts an ihrer Stärke. Über die Schallausbreitung solcher ebenen Wellen in zylindrischen Röhren ist zu sagen, daß die Schallabnahme umgekehrt proportional ist dem Radius der Röhre und direkt proportional der Wurzel aus der Schwingungszahl des Tones, und daß sie mit stärkerer Absorptionsfähigkeit der Röhrenwandungen größer wird. Die Schallgeschwindigkeit ist für tiefe Töne etwas geringer als für hohe und nimmt im übrigen mit dem Druchmesser der Röhre ab. Eine Anwendung der Schallausbreitung in Röhren haben wir im Sprach- oder Kommunikationsrohr.

Neben die Schallabnahme aller Arten von Wellen durch Verteilung auf größere Räume tritt diejenige, die durch Absorption seitens der Medien hervorgerufen wird. In reiner Luft ist die Absorption so gering, daß wir sie vernachlässigen können. Ein Ton von 20000 Schwingungen kommt in 82 m Entfernung durch innere Reibung der Luft auf die halbe Stärke, während ein Ton von 100 Schwingungen erst bei etwa 3000 km die halbe Stärke erreicht. Die Schallgeschwindigkeit der Töne beträgt in Luft bei 15° C 340 m i. d. Sekunde, während die Wellen einiger Geräusche, z. B. die Explosionswellen, sich schneller fortpflanzen, vor allem in der Nähe der Quelle (bis zu 750 m in der Sekunde).

Der Schall breitet sich praktisch nie frei aus, sondern stößt auf Hindernisse, die ihn z. T. absorbieren, z. T. zurückwerfen oder beugen, so daß er nun abermals die Gelegenheit hat, das Ohr zu treffen. In einem geschlossenen Raume eilen die Schallimpulse von einer Wand zur anderen, treffen auf ihren Wegen immer wieder das Ohr, und da das in einer Geschwindigkeit von etwa 340 m in der Sekunde vor sich geht, wir aber so schnell aufeinander folgende Impulse nicht unterscheiden können, erscheint für uns die Schallstärke des Instrumentes größer. Bei einiger Dauer des Nachhallens wird der Schall auch zeitlich verlängert. Dauert der Schall der Quelle selbst aber nur sehr kurz an, dann hören wir wohl in größeren Räumen mit teils gut reflektierenden, teils stark absorbierenden Flächen die einzelnen reflektierten Schallimpulse. Aber in Räumen, deren Wandungen größtenteils gut reflektieren, gelangen sie so häufig an unser Ohr, daß wir sie zwar vom direkten Schall (durch Richtungs- und Klangfarbenbestimmung) unterscheiden können, aber nicht mehr untereinander. Auch die Richtung der einzelnen Impulse ist dann kaum mehr festzustellen, so daß man von allgemeinem Nachhall sprechen kann. In der Nähe der Schallquelle kann man von einer gewissen Abnahme der Intensität mit der Entfernung sprechen, aber schon bei wenigen Metern Abstand überwiegen die Einflüsse der stehenden Wellen (bei Dauertönen!), überhaupt der Reflexion und Absorption so sehr, daß die Schallstärke in Räumen von nicht zu großen Abmessungen im allgemeinen als ungefähr gleichbleibend angesehen werden kann. Die für einzelne Stellen offenbar vorhandenen Gradunterschiede sind auf die örtlichen Einwirkungen der einfachen Reflexion, der Konzentration (Sammelwirkung von Wölbungen) und der Absorption zurückzuführen. Daher nützt es gewöhnlich nicht viel, wenn man in einem kleineren Raume den Abstand zwischen sich und der störenden Schallquelle vergrößert; dagegen ist es bei dauernder periodischer Erregung ratsam, ein Minimum der stehenden Schwingung aufzusuchen und bei Geräuschen besonders wegen der für schnelle Schwingungen vorhandenen Genauigkeit der Reflexion die Konzentrationspunkte zu meiden.

Nachhall.

Nehmen wir Räume an, deren Abmessungen gegenüber der Schallgeschwindigkeit klein sind, also etwa bis zu 20 m, in denen sich der Schall gleichmäßig ausbreitet, und bezeichnen wir die Schallenergie in der Volumeneinheit als Energiedichte, die allein für die Schallempfindung in Frage kommt, da die in unser Ohr eindringende Schallenergie zu ihr proportional ist, so haben wir ein Maß für die Stärke des durch Nachhall vermehrten Schalles.

Nach Jäger ist diese Energiedichte E für einen einige Sekunden andauernden Schall nach der Zeit t, gerechnet vom Augenblick des Abbrechens des Tones:

$$E = \frac{4\,E_0}{V.aF} \cdot e^{-\frac{V \cdot aF}{4\,W^2}},$$

wobei $aF = a_1F_1 + a_2F_2 + \ldots$

$E_o =$ die in der Sekunde von der Schallquelle ausströmende Energie,

F_1, F_2, ... Oberfläche der Wände, Decken, Möbel, Menschen ....,

a_1, a_2, ... die dazugehörigen Absorptionskoeffizienten.

$V =$ Schallgeschwindigkeit in Luft,

$W =$ Das Volumen des Raumes.

Die Formel oben besteht aus zwei Teilen, von denen uns der erste, $\dfrac{4\,E_o}{V.aF}$, angibt, bis zu welcher maximalen Stärke der durch Nachhall vermehrte Schall ansteigt, während der zweite das Abklingen des Nachhalles darstellt. Unter Nachhalldauer ist die Zeit zu verstehen, die vom Augenblicke des Abbrechens des Tones bis zum Zeitpunkt kurz vor dem völligen Verschwinden des Tones im Raume (Minimum der Hörbarkeit) gerechnet wird. Bei einem kurzandauernden Schallimpuls, den wir getrennt vom Nachhall vernehmen, erscheint statt des Faktors $\dfrac{4\,E_o}{V.aE}$ einfach Eo, d. h. die gesamte ausgesandte Energiemenge. Wir sehen, daß die Schallstärke der ausgesandten Schallenergie direkt, der Oberfläche der Wände und Gegenstände und ihren entsprechenden Absorptionsvermögen umgekehrt proportional ist. Bei gegebener Schallquelle kann also die Energiedichte (Schallstärke), vermindert werden, wenn die Oberflächen der Wände möglichst groß und absorbierend gestaltet und, wenn stark absorbierende Gegenstände mit großer Oberfläche in den Raum gebracht werden. Mit Vergrößerungen der Wandflächen nimmt, abgesehen von Vermehrung durch Rippen usw., das Volumen des Raumes zu und damit verlängert sich die Dauer des Nachhalles, wie wir aus der Exponentialfunktion ersehen. Da diese Verlängerung oft nicht weniger störend ist als die Vermehrung der Intensität, so bleiben als beste Mittel der Schalldämpfung, stark absorbierende Gegenstände im Raume aufzustellen und die Absorption der Wände durch geeigneten Putz, Tapete, Behänge usw. zu vergrößern.

Die Reflektion eines offenen nach dem Freien führenden Fensters kann man gleich Null setzen, also seine Absorption[1]) als absolut, seinen Koeffizienten als die Einheit betrachten, weshalb ihnen eine besondere Bedeutung in der Raumakustik zukommt. Der absolute Wert der Absorption ist proportional der Größe der Fenster. Sind Wände und Fensterscheiben teilweise durchlässig, so kann man in die Formel einen entsprechenden Durchlässigkeitskoeffizienten einsetzen, der zu der eigentlichen Absorption im Stoffe selbst noch hinzutritt.

Trotz feststehender Energieabgabe[2]) ist die Schallstärke in der unmittelbaren Umgebung der Quelle, wie der Faktor der obigen Formel zeigt, von verschiedenen Nebenumständen abhängig, da an jeder Stelle des Raumes der Nachhall hinzutritt, sie selbst also größer erscheint, wenn das Produkt aus Oberflächen und Absorption sehr klein ist. Daß sich stehende Wellen bilden, wenigstens solange die Schallquelle selbst tönt, und daß damit die Luft an verschiedenen Stellen des Raumes mit ungleichen Amplitüden schwingt, soll hier nur als ein bekanntes, aber nicht immer genügend gewürdigtes Moment bei der Beurteilung mancher ungewöhnlicher Erscheinungen der Raumakustik erwähnt werden.

Alle diese Erwägungen gelten auch für den durch eine Wand durchgelassenen oder für den auf irgendeinem anderen Wege in einen zweiten Raum geleiteten Schall, da gewöhnlich die Eintrittsstelle als eine neue Schallquelle angesehen werden kann.

Da unsere Empfindlichkeit sich nicht allein auf die Intensität richtet, sondern auch auf die Dauer, — ob angenehm oder unangenehm, hängt wieder von der Art des Schalles ab —, ist bei kürzeren Impulsen die Nachhalldauer selbst zu berücksichtigen, die unter sonst gleichen Umständen mit dem Volumen des Raumes zunimmt.

---

[1]) Unter diesem hier verallgemeinerten Ausdruck „Absorption" eines offenen Fensters darf nicht nur die Vernichtung des Schalles verstanden werden, sondern zugleich auch die Durchlässigkeit.

[2]) Man muß darauf achten, daß tatsächlich eine gleichbleibende Abgabe von Schallenergie stattfindet. Man bemerkt an Stimmgabeln und Pfeifen (überhaupt bei Resonatorinstrumenten), daß sie an verschiedenen Stellen des Raumes, desgleichen auch in verschiedenen Räumlichkeiten, verschiedene Ausschläge der schwingenden Massen zeigen und damit entsprechend verschiedene Energiemengen der Energiequelle (Akkumulator, Gasometer usf.) entnehmen. Die Musiker, insbesondere die Sänger, sprechen davon, daß in einem Falle die Stimme leicht entflieht, während ein andermal die Kehle wie zugeschnürt ist. Doch das führt uns mitten hinein in die Raumakustik.

Absorption von Luftschall.

Das Verschwinden des Schalles an Wänden ist auf drei Ursachen zurückzuführen: ein Teil wird absorbiert, also in eine andere Energieform (Wärme, latente Energie) übergeführt, ein weiterer Teil dringt durch die Poren hindurch (vgl. S. 38) und schließlich werden noch Schwingungen der Wandmassen erregt, die ihrerseits wieder die Luft auf beiden Seiten der Wand in Schwingung versetzen (vgl. S. 44 ff.). Der Rest wird an der Oberfläche reflektiert oder bei porösem Material in verschiedenen Tiefen.

Obwohl die wirkliche Absorption und die Durchlässigkeit gewöhnlich verbunden erscheinen, sind sie in der Untersuchung doch streng zu trennen, denn der durchgelassene Schall kann aus dem anderen Raume, auf demselben oder einem anderen Wege zurückkommen, während der im Stoffinnern absorbierte Schall endgültig in eine andere Energieform übergeführt wird. Jene Rückwirkung macht sich ganz besonders geltend, wenn durchlässige Stoffe vor gut reflektierenden Wänden hängen. Da bei den meisten nicht zu starken und schweren Materialien auf eine gewisse Durchlässigkeit zu rechnen ist, muß die Absorption der dahinter befindlichen Medien berücksichtigt werden.

Über Schallabsorption liegen noch wenig genaue Angaben vor. Meist handelt es sich um qualitative Angaben und dabei auch noch häufig um Schätzungen allgemeinster Natur.

Sabine erhält aus Versuchen über die Nachhalldauer einige Werte pro Quadratmeter, die im Verhältnis zum offenen Fenster mit dem Absorptions-Koeffizienten 1 stehen:

Bekleidung in Hartfichte	0,061
Glas, einfache Dicke	0,033
Mörtel auf Holzlatten	0,034
Mörtel auf Draht	0,043
Mörtel auf Ziegel	0,025
Ziegel mit Zementmörtel	0,025
Linoleum auf Fußboden	0,120
Vorhänge	0,230
Ölbild mit Rahmen	0,280
Cretonne	0,150
Teppich	0,200

Schwerster Teppich 0,290
Einzelner Mann 0,480
Einzelne Frau 0,540
Publikum pro Quadratmeter. 0,960
Glatte Bank aus Eschenholz, 1 Sitz . . . 0,008
Gepolsterte desgl. (Haar und Leder) . . 0,280
Sitzkissen aus Roßhaar, 1 Sitz. 0,210
Desgl. aus elastischem Filz 0,200
Haarfilz (2,5 cm dick). 0,780
Kork (2,5 cm dick) 0,160

Die Absorption von Watte, Fries und Filz fand ich bei einigen Versuchen über Reflexion am geschlossenen Ende eines großen Resonanzrohres, wobei die Stoffe über die abschließende starke Marmorplatte gelegt wurden, die als absolut reflektierend angenommen werden konnte[1]). Die einzelne Schicht Watte war im osen Zustande etwa 24 mm dick, dagegen zusammengedrückt, etwa 1,3 mm. Da die Schichten am Rande eingepreßt wurden, waren die dickeren Schichten relativ stärker zusammengepreßt als die dünnen, vor allem am Rande. Verwendet wurde ein Ton von 256 Schwingungen. Hohe Töne würden stärker absorbiert worden sein. Durch die Reflektion am Ende des Rohres bilden sich im Innern stehende Wellen aus, deren Maxima und Minima gemessen wurden. Je besser die Abschlußplatte reflektiert, d. h. e weniger sie durchläßt und absorbiert (vgl. S. 50) oder bei dichtem Abschluß (Marmorplatte) hinter dem Materiale, je weniger sie absorbiert, um so stärker sind die Maxima ausgebildet, so daß aus deren Größe auf Absorptions- und Reflexionsfähigkeit der Stoffe geschlossen werden kann. Danach betrug die Absorption:

Watte 1 × . . . . 14% des auftretenden Schalles
 „   2 × . . . . 17% „   „   „
 „   4 × . . . . 22% „   „   „
 „   8 × . . . . 28% „   „   „
Wollfries (1,6 mm dick) 1 × . 5% „   „   „
      (1,6 „   „) 2 × . 10% „   „   „
      (1,6 „   „) 4 × . 16% „   „   „
Filz (weich, 4,6 mm) . . . . 9% „   „   „
 „   (hart, grob, 7,9 mm) . . 6% „   „   „

---

[1]) Diss. 1910 und Ann. d. Phys. 1910, S. 763.

Die Zunahme der Absorption ist nicht proportional der Schichtdicke (bez. der Anzahl der Schichten), sondern deren Logarithmen. Trägt man diese Werte in ein Koordinatennetz ein und verbindet die entsprechenden Punkte durch eine Kurve,

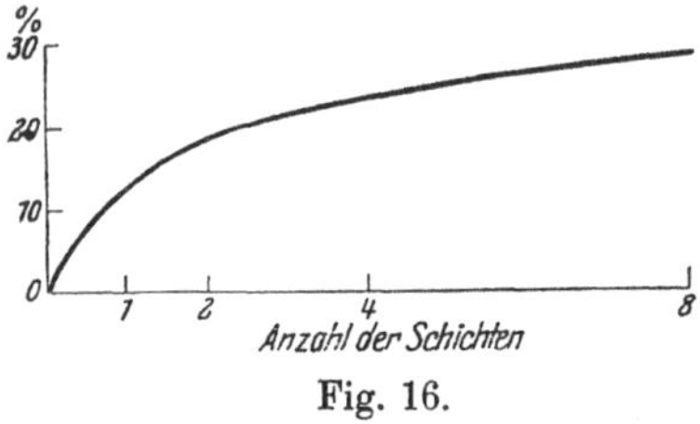

Fig. 16.

so sieht man deutlich, daß die Zunahme der Absorption von einer gewissen Schichtdicke an vernachlässigt werden kann (vgl. Fig. 16).

Die Schallabnahme an den Wänden wechselt für die verschiedenen Arten von Geräuschen und für verschieden hohe Töne, da sie abhängig ist vom Verhältnis der Porendurchmesser zur Wellenlänge und von der Eigenschwingung, bzw. dem Dämpfungsgrad der ganzen Masse oder deren Teile. Eine Abhängigkeit von der Tonhöhe ist auch wegen der Resonanzerscheinungen festzustellen, vor allem bei dem Teile der Schallabnahme, der nur als Durchlässigkeit anzusehen ist.

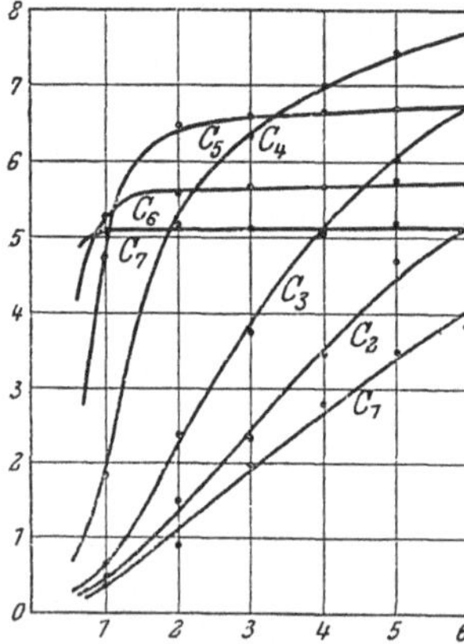

Fig. 17. Die Absorptionsfähigkeit von Filz.

Horizontal ist die Anzahl der Schichten, vertikal die Absorptionsfähigkeit eingetragen (offenes Fenster: 1). $C_1 = 64$ Schwingungen in der Sekunde; C_2, C_3 usf. je 1 Oktave höher. Jedem Tone kommt eine der Kurven zu.

Sabine fand bei der Untersuchung von Wollfilz von 11 mm Dicke (vgl. Fig. 17), daß bei tieferen Tönen, etwa bis $N = 500$, die Absorption in einem bestimmten Verhältnis zur Anzahl der Schichten stand, d. h. bei $N = 64$ ihr etwa proportional war, für die höheren Schwingungszahlen aber weniger stark zunahm. Bei noch höheren Tönen, bis zu 4096 Schwingungen, hatte die Absorption schon bei der 1. und 2. Schicht ihr Maximum erreicht, war dabei aber schon ebenso groß, wie die einer größeren Anzahl Schichten den tiefen Tönen gegenüber. Andererseits fand er (vgl. Fig. 18, die aus Fig. 17 hervorgegangen ist), daß alle Schichtdicken ganz deutlich bei gewissen Tonhöhen ein Maximum an Absorption zeigten, und zwar lag der betreffende Ton um so tiefer, je größer die Anzahl der Schichten war. Die tiefer liegenden Maxima sind bedeutend schärfer ausgebildet als die hohen.

Daraus erhellt, daß die tiefen Töne weiter in den Filz eindringen, vor allem, wie die Resonanzerscheinungen zeigen, in Form von Biegungsschwingungen, die erst allmählich von den hinteren Lagen gedämpft werden. Die höheren Töne wurden dagegen schon an der Oberfläche stark absorbiert. Daher genügen für Undurchlässigkeit gegenüber hohen Tönen dünnere Schichten, während sie gegenüber tiefen Tönen dicker genommen

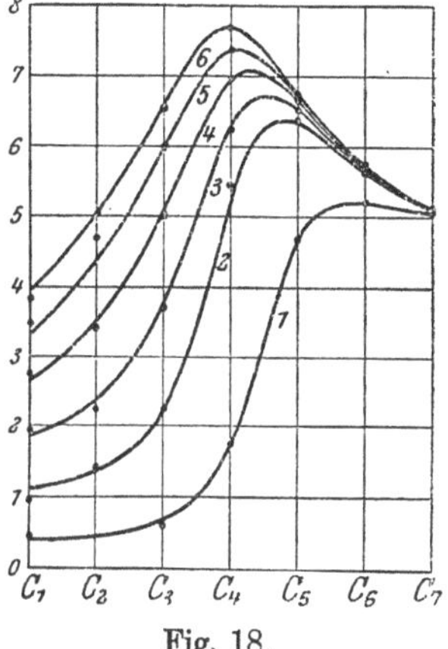

Fig. 18.

Die Kurven entsprechen den verschiedenen Schichtdicken des Filzes.

werden müssen. Doch man sollte aus diesen Versuchen nicht den Schluß ziehen, daß der Filz in den erwähnten Schichtdicken völlig undurchlässig sci. Bei der Methode der Bestimmung der Nachhalldauer werden solche Werte der Durchlässigkeit nicht mehr berücksichtigt, die bei der Empfindlichkeit unseres Ohres noch eine wichtige Rolle spielen. Außerdem legt der Schall den Weg durch den Filz mehrmals zurück — Hingang und Rückkehr nach der verschiedenen Reflexion im Innern oder an der Rückwand — und dementsprechend wird er stärker absorbiert.

Da der absorbierte Schall zusammen mit dem durchgelassenen als Unterschied des eintreffenden und des zurückgeworfenen Schalles dargestellt werden kann, wird es interessieren, das Verhältnis der Schwingungsweiten dieser letzteren beiden Schallarten kennen zu lernen. Wir beschränken uns hier auf poröse Stoffe.

Bei senkrechtem Einfall ergibt sich nach den Fresnelschen Formeln, wenn α der Einfalls- und β der Reflexionswinkel ist,

$$\frac{A_r}{A_e} = \frac{\alpha - \beta}{\alpha + \beta}$$

Weisbach, Bauakustik. 3

als Verhältnis der Schwingungsweiten des reflektierten und des eintreffenden Schalles. Da $\frac{\alpha}{\beta} = n$, der Brechungsexponent, und $n = \frac{c_1}{c_2}$, das Verhältnis der Schallgeschwindigkeiten im 1. und 2. Medium ist, so wird

$$\frac{A_r}{A_e} = \frac{c_1 - c_2}{c_1 + c_2},$$

d. h. wenn die Schallgeschwindigkeit im zweiten Medium sich von der im ersten Medium (Luft) wenig unterscheidet, dann wird nur wenig Schall reflektiert. Der Unterschied der Schallgeschwindigkeit wird um so geringer, je höher der Ton ist, wie aus der folgenden Formel zu sehen ist:

$$c_2 = c_1 \left(1 - \frac{r^2}{16\,\pi^2\,\varrho^2\,N^2} \right),$$

wobei r die Reibungskonstante und ϱ die Dichte des 2. Mediums und N die Schwingungszahl des Tones ist. Die Formel besagt weiter, daß der Unterschied größer wird, wenn die Reibung im 2. Medium zunimmt und wenn dessen Dichte geringer wird. Daher muß die Masse eines Materiales, das zur Absorption dienen soll, möglichst fein verteilt sein.

Die Formel für den Nachhall ergibt weiter, daß die Wirkung eines absorbierenden Gegenstandes zunimmt, wenn das Verhältnis des Produktes seiner Flächenausdehnung und seiner Absorptionsfähigkeit zu den entsprechenden Werten der übrigen Materialien größer wird, da die Schallwellen ihn dann häufiger treffen können.

Um die Nachhalldauer zu verkürzen, gestaltet man entweder die Wände selbst möglichst durchlässig und absorbierend (vgl. den Unterschied in lärmenden Fabrikräumen, wenn die Fenster offen und wenn sie geschlossen sind), oder man verputzt, wenn im Nebenraume der Schall nicht erwünscht ist, die dichten Wände mit dem geeigneten absorbierenden Materiale, oder man überzieht sie mit einem Deckstoff, wie dicke, weiche Tapete, Rupfen, Teppiche usw. Schließlich ist noch die Absorptionswirkung der Menschen zu erwähnen, d. h. je mehr Menschen sich im Raume befinden, desto geringer ist die Intensität, zu der sich der Schall entwickelt.

Da kleinere, vor allem kahle Räume häufig einen oder mehrere Eigentöne haben, müssen diese geändert werden, falls sie mit dem störenden Tone übereinstimmen, ihn also verstärken. Das geschieht durch Veränderung der Absorption, oder sollte die Schuld an der Resonanz eines Bauteiles (Holzverschalung, Kronleuchter usw.) liegen, so ist dieser irgendwie am Schwingen zu verhindern. Öfters resonieren auch kleine Hohlräume, die vom Hauptraum nur durch eine durchlässige Wand getrennt sind. Dem Übel wird abgeholfen, wenn absorbierende Stoffe in diesen Nebenraum gebracht werden oder die Durchlässigkeit der Trennungswand aufgehoben wird.

Aus alledem ergibt sich, daß ein und dieselbe Schallquelle in verschieden gearteten Räumen verschieden starken Schall entwickelt, was man bei Beurteilung irgendwelcher Schallquellen stets beachten sollte.

Der Schutz von anliegenden Räumen.

Die eben behandelte Schallwirkung erstreckte sich allein auf den Raum, in dem sich der Schallerzeuger befindet, doch sie ist damit bei weitem nicht erschöpft: im Nebenraum, einige Stockwerke darüber oder darunter, im Nebenhause oder gar in einigen hundert Metern Entfernung macht sich der Einfluß eines Schalles oder der Erschütterung häufig genug geltend. Die Wirkung wird um so geringer sein, je kleiner die Schwingungen schon am Ursprungsort sind. Deshalb gelten die in den vorigen Abschnitten beschriebenen Maßnahmen auch hier, falls man nur auch solche Schwingungen vermeidet, die am Erzeugungsort zwar nicht von uns gemerkt werden, die aber doch an einem anderen Orte bemerkbare Schwingungen irgendwelcher Gegenstände zu erregen imstande sind.

Wie schon erwähnt, ist es aus verschiedenen Gründen oft nicht möglich, die Schwingungen am Ursprungsorte völlig zu dämpfen, beim Musizieren z. B. ist sogar eine bestimmte Wirkung in der Umgebung notwendig. Es handelt sich nun darum, eine weitere Ausbreitung ganz zu verhindern oder nach Bedarf einzuschränken, damit man in anderen Räumen von unerwünschten Schalleinwirkungen verschont bleibt. Die Probleme sind:

Schalleitung in Luftkanälen.

Wir ziehen vorläufig nur den Luftschall in Betracht, also solche Schwingungen, die entweder in der Luft selbst hervorgebracht werden durch Blasen, Reiben (Sirene) usw. oder die durch Schwingungen anderer Materialien in der Luft entstehen, z. B. durch Streichen auf Saiten.

Einen Übergang des Luftschalles zwischen zwei Räumen haben wir natürlich nur dann, wenn diese Räume durch Luft in Verbindung stehen. So unscheinbar dieser Zusammenhang sich äußerlich häufig darstellt, durch die akustische Wirkung macht er sich deutlich bemerkbar. Die Poren in einer Wand, kleine Öffnungen (z. B. Schlüssellöcher, Türspalten), Fernverbindungen durch Luftkanäle usw. geben dem Schall erstaunlich viel Gelegenheit, sich in einem Raume ungebeten einzufinden. Da die Leitfähigkeit der porösen Körper für Luftschall ihrer Durchlässigkeit für die Luft selbst und der ihr anhaftenden Wärme ähnlich ist, die Luftverbindung aber eine notwendige Bedingung für eine gute Ventilation ist, muß man sich gegebenenfalls entscheiden, welches das geringere Übel ist, die Schallstörung oder die Unterbindung der Ventilation. Natürlich kann man meist einen Ausweg dadurch finden, daß man den Schallschutz oder die Luftzufuhr durch andere, sich gegenseitig nicht störende Methoden zu erreichen sucht.

Man muß die Schallvermittelung durch die Luft vermeiden durch sorgfältiges Verstopfen aller Öffnungen mit geeignetem Materiale. Als solche zeichnen sich die Stoffe aus, die wegen ihrer Formbarkeit sich in alle Fugen einfügen, also z. B. Plastilin, Wachs und weichbleibender Kitt. Filz, Watte u. dgl. haben, wenn sie nicht sehr dicht eingelegt werden, nicht immer den gewünschten Erfolg, da sie selbst sehr porös sind. Etwas schwieriger ist die Verbindung durch Heizungs- und Lüftungskanäle zu unterbrechen, da die Luft frei ein- und austreten muß. In Bodenräumen laufen die Kanäle von den verschiedenen Zimmern gewöhnlich zusammen. Dieser Raum muß möglichst stark schalldämpfend sein, damit der aus einem Kanal austretende Schall nicht, durch Nachhall verstärkt, in den anderen Kanal wieder eintreten kann. Bei direkter Verbindung durch einen Kanal hat

man in Gefängnissen mit Erfolg folgende Einrichtung getroffen
(Fig. 19): An irgendeiner Stelle wird der Kanal zu einem Kasten
erweitert, in dem ein Hohlspiegel frei-
hängend derartig aufgestellt wird, daß
aller in derselben Richtung ankom-
mende Schall nach seinem Ausgangs-
punkte zurückgeworfen wird. So gelangt fast kein Schall hinter den Spiegel

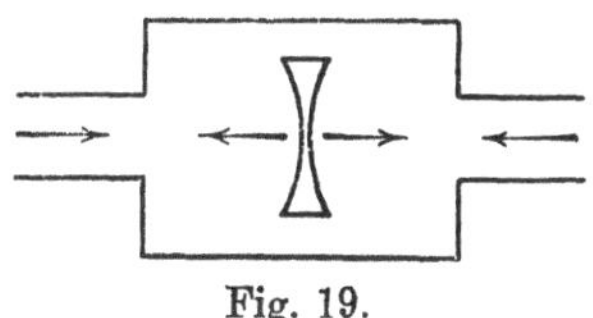

Fig. 19.

und in den anderen Teil des Kanales; zum mindesten wird die
Deutlichkeit der Zeichen durch die Reflexionen außerordentlich
vermindert. Soll der Schall in beiden Richtungen abgehalten werden, so stellt man zwei Spiegel Rücken an Rücken. Die Luft selbst
findet leicht ihren Weg um den Spiegel herum. Auch die Ofenrohre
wurden von den Sträflingen als Sprachrohr benutzt[1]) und die
bekannten Erscheinungen in den Flüstergalerien fanden hie und
da für dieselben Zwecke eine geeignete Anwendung.

Nicht selten übertragen die Fahrstuhlschächte den Schall
von einem Stockwerk zum anderen. Durch dicht anliegende
starke Türen und durch eine genügende Stärke der Schacht-
wandungen selbst muß der Eintritt des Schalles in den Schacht
verhindert werden.

Die erstaunliche Wirksamkeit des Schalles, der durch schmale
Öffnungen kommt, erklärt sich daraus, daß die Schallempfindung
nicht der physikalischen Schallintensität selbst, also auch nicht
der Größe der Öffnung proportional ist, sondern in geringerem
Maßstabe zu- bez. abnimmt. Je mehr Ruhe in einem Raume
herrscht, um so empfindlicher ist man, und selbst die leisesten
Geräusche können außerordentlich störend sein. Es kommt gar
nicht so sehr auf die Schallstärken an, denn meist überwiegt der
Einfluß des Rhythmus, der Klangfarbe und der Dauer, ganz abgesehen von den Nebengeräuschen im Raume, die uns gegen
leiseren Schall von auswärts ganz unempfindlich machen können
Daher ist wegen der Genauigkeit der Übertragung gerade die Luft-
vermittelung so gefährlich. Die Empfindlichkeit des Ohres stellt sich
bei verteilter Aufmerksamkeit auf den stärksten der vorhandenen
Schalle ein. Die Wirksamkeit ist, wie wir auf S. 29 sahen, weiterhin
abhängig von der Größe und Absorption des zweiten Raumes.

---

[1]) M o t h e s: Kommunikation durch das Ofenrohr; in H. Groß' Archiv f. krim. Antropol u. Kriminalistik, Bd. IV, S. 187.

Schalldurchgang durch Poren.

Poröse Stoffe werden undurchlässiger, wenn man sie zusammenpreßt (z. B. Filz) oder wenn man sie anfeuchtet. Umkehrt werden nasse poröse Stoffe beim Austrocknen erst stärker schalldurchlässig, wie das bei älter werdenden Mauern häufig genug zu bemerken ist. Während vorher eine solche Mauer vielleicht sehr stark reflektierte, nimmt sie einen Teil des Schalles jetzt auf, läßt ihn durch oder verwandelt ihn in Wärme, so daß sie als Ganzes stärker absorbierend erscheint. Dies ist ein Umstand, der in der Raumakustik in Rechnung gezogen wird.

Rayleigh hat theoretisch den Fall einer völlig starren, unbiegsamen Wand behandelt, deren Stoff selbst vollkommen undurchlässig ist und deren Porendurchmesser klein im Verhältnis zur Wellenlänge ist. Danach ist angenähert

$$J_d = J_e \frac{4\,m}{2\,m^2 + m\,r'} e^{-2\,m'h}$$

wobei

$$m' = \frac{\sqrt{n}}{r} \cdot 0{,}000072 \quad \text{und} \quad m = \frac{0{,}38}{l\,r\sqrt{u}}$$

$J_e =$ Intensität des auftreffenden Schalles,
$J_d =$ Intensität des durchgelassenen Schalles,
$l =$ der Porositätsgrad, d. i. das Verhältnis der Bohrungsquerschnitte zur ganzen Wandoberfläche,
$r =$ der Bohrungsdurchmesser (in cm),
$n =$ Schwingungszahl,
$h =$ Wanddicke.

Die Formel besagt, daß die Durchlässigkeit mit dem Porositätsgrad, mit dem Bohrungsdurchmesser und mit der Tonhöhe wächst, während sie bei zunehmender Dicke der Wand abnimmt.

Nach Tufts[1]) Versuchen wächst der Widerstand von Schrotschichten mit der Schichthöhe und ist der Korngröße umgekehrt proportional. Jedoch ist der Widerstand verschieden, je nachdem die Schicht in einem Knoten oder in einem Bauch einer stehenden Schwingung liegt. Die schwächende Wirkung feiner poröser Stoffe ist so beträchtlich wegen der großen Reibung und wegen

---

[1]) Tufts, Am. Journ. of Sc. 1901, S. 357 u. Phys. Zeitschr. 1901, S. 623.

der starken Wärmeübertragung von der Luft auf die feinen Teilchen bei Verdichtungen oder umgekehrt bei Verdünnungen von diesen Teilchen auf die Luft.

Da die Schalldurchlässigkeit der Durchlässigkeit für Luft selbst ähnlich ist, dürfte die Angabe einiger Werte der letzteren von Interesse sein. Im Handbuch der Architektur III. 4. I. 1, S. 89 wird folgende Reihe angegeben, beginnend mit dem durchlässigsten Material:

Kalktuffstein,
Kunststein aus zerkleinerten Schlacken und Mörtel,
Fichtenholz in der Längsrichtung,
Kalkmörtel,
Beton,
Backstein,
Portlandzement,
unglasierter Klinker,
Grünsandstein,
gegossener Gips,
Eichenholz,
glasierter Klinker.

Die entsprechenden Versuche wurden in zwei Räumen angestellt, zwischen denen ein erheblicher Druckunterschied bestand, und sie wurden immer über eine längere Zeit ausgedehnt.

Mörtel aus Weißkalk, Gips und Sand sind ziemlich stark durchlässig. Bei Beurteilung einer Wand als Ganzes ist zu berücksichtigen, daß z. B. Luftmörtel viel stärker durchlässig ist als die Ziegel, während andererseits der Gipsmörtel weniger durchlässig ist als Ziegel.

Luftdurchlässigkeit von Baumaterialien, in Verhältniszahlen angegeben.

Feinsand	0,3	mm Korngröße	55,5	Porenvol.	1
Mittelsand . . .	0,93—1,0	,,	,,	55,5	,,	48
Grobsand	1,0 —2,0	,,	,,	37,9	,,	549
Feinkies	2,0 —4,0	,,	,,	37,9	,,	2966
Mittelkies . . .	4,0 —7,0	,,	,,	37,9	,,	6070

Anstriche.

Kalkfarbe . . . . . am meisten durchlässig,
Leinfarbe . . . . . weniger ,,
Glanztapete . . . . ,, ,,

gewöhnliche Tapete weniger durchlässig,
Ölfarbe . . . .   „   „
Stuck . . . .   „   „
Kalktuff . . . 3,6 cbm per qm, in 1 Std., bei 1° Temp.-Unterschied
Ziegel . . . . 2,6 „
Kalkstein . . 2,3 „
Sandstein. . . 1,7 „

In meinen Untersuchungen über Schalldurchlässigkeit von Stoffen, die ein Fenster von 35×35 cm Öffnung zwischen einem Zimmer und der freien Luft bedeckten und deren Durchlässigkeit man in der Hauptsache als auf den Schalldurchgang durch die Poren beruhend annehmen konnte, fand ich bei einem Ton von 256 Schwingungen i. d. Sek. (vgl. auch Fig. 20):

	Dicke der Stoffe in mm	Gewicht in g pro qcm Oberfläche	Durchlässigkeit in %
Offenes Fenster	—	—	100,0
Drahtgaze, weitmaschig . . .	—	0,056	100,0
„ engmaschig .1×	0,35	0,100	90,0
„ „ . .2×	0,70	0,200	86,6
Wollfries . . . . .1×	1,60	0,046	30,2
2×	3,20	0,092	15,0
3×	4,80	0,138	8,4
4×	6,40	0,184	5,5
Leinen . . . . .1×	0,13	0,014	64,8
2×	0,26	0,028	39,6
3×	0,39	0,042	29,2
4×	0,52	0,056	21,2
5×	0,65	0,070	15,6
Batist . . . . .1×	0,05	0,006	88,3
2×	0,10	0,012	83,0
4×	0,20	0,024	67,0
8×	0,40	0,048	51,8
Watte . . . . .1×	24,0—1,3	0,320	65,6
2×	—	0,064	43,6
3×	—	0,096	36,5
4×	—	0,128	34,8
Wolltuch . . . . .1×	1,80	0,031	38,5
2×	3,60	0,062	20,2
„ . . . . .1×	0,70	0,027	43,5
2×	1,40	0,054	27,0
Naturkork	20,00	0,490	1,3
Berger fand für poröse Stoffe unter anderen Bedingungen			
Flanell	1,00	0,027	97,0
Filz	1,50	0,040	92,0

Mc. Ginnis und Harkins fanden für sehr kleine runde Stücke (8,5 mm Radius), möglichst unter Vermeidung jeder Art von Biegungsschwingungen

		Gewicht in g pro qcm Oberfläche	Durchlässigkeit in %
Batist	1×	0,00537	65,9
	2×	—	41,8
	3×	—	26,7
Kattun	1×	0,00868	44,5
	2×	—	19,7
	3×	—	10,0
Leichter Vorhang	1×	0,0051	81,6
	2×	—	67,2
	3×	—	56,1
	4×	—	47,5
	5×	—	39,1
Bedruckter Kattun (ungenau) . .	1×	0,0120	27,8
	2×	—	15,5
	3×	—	11,8
Leinen	1×	0,167	2,0
Filz	1×	0,0266	1,6
Sammet	1×	0,0158	1,6
Drahtgaze	1×	0,102	76,4
	2×	—	58,6

Die Durchlässigkeit dieser porösen Stoffe erscheint bei diesen kleinen Abmessungen sehr gering, da die Biegungsschwingungen fast ganz vermieden werden konnten, der Schalldurchgang also wahrscheinlich ausschließlich durch die Poren ermöglicht wurde. Dieser Idealfall des Laboratoriumversuches ist jedoch in der Praxis kaum jemals zu erreichen, und daher werden alle diese Stoffe in der Anwendung als bedeutend durchlässiger zu bewerten sein. Ich hatte diesen Umstand bei meinen Versuchen durch die gewählten Größen 35 × 35 cm zu berücksichtigen versucht.

Bei Untersuchungen über die Schalldurchlässigkeit muß man beachten, daß die Durchlässigkeit eines Stoffes größer erscheint, wenn dieses einen kleinen Raum mit der Schallquelle abschließt, da der zurückgehaltene Schall den ursprünglichen verstärkt, daß also die Schallquelle stärker erscheint. Bei Korkplatten dürfte der Einfluß von Biegungsschwingungen schon sehr beträchtlich sein.

Die Porosität und damit auch die Durchlässigkeit nimmt ab, wenn die Stoffe, wie Filz, gepreßt oder mit einer Flüssigkeit getränkt werden. Daher isolieren sie unter solcher Bedingung noch leidlich gut, z. B. als Futter in Tür- und Fensterrahmen.

Zwischen Luft- und Schalldurchlässigkeit besteht ein gewisser Unterschied darin, daß die kleinen Anstrichflächen, die die Poren überdecken, wegen der Transversalschwingungen gegen Schall stärker als gegen die Luft selbst durchlässig sein können.

Um die Porosität gegebener Wände aufzuheben, ihre Durchlässigkeit also zu vermindern, muß man sie imprägnieren oder mit einem dichten Materiale bedecken. Das Imprägnieren kann mit Pech oder dergleichen Stoffen geschehen, die selbst nicht durch Austrocknen porös werden. Ölfarbe wird nach einiger Zeit etwas sprüngig, während Wasserglas bei einigem Alter ganz undurchlässig sein soll. Dichter Putz und Tapeten, deren Kleister allein schon ganz gut isoliert, dann pechgetränkte Korkplatten, Linoleum, Asphaltpappe und Bleche als Belege oder als Einlagen stellen weitere Mittel dar.

Der Mauerputz.

Bei dicken festen Mauern dürfte der Einfluß des Putzes wenig in Frage kommen, aber bei dünnen und vor allem bei porösen Mauern nimmt der Einfluß zu. Einmal soll der Putz die Poren schließen, was häufig den Erfordernissen der Lüftung widerstrebt, dann soll er den in die Wand eingedrungenen Schall dämpfen, und schließlich soll er den Schall schon an der Oberfläche absorbieren, damit die Reflexion nicht so stark ausfällt, der Schall also gar nicht zu voller Stärke kommt und daher nicht so heftig auf die Wand selbst einwirken kann. Auch im Empfangsraum, in dem sich der Schall ausbreitet, wird er durch einen absorbierenden Putz geschwächt. Aus diesen Gründen wirkt ein Belag von absorbierendem Materiale auf beiden Seiten einer Wand besser als eine einzelne isolierende Schicht innerhalb einer Doppelwand. Woher auch immer der Schall kommt, vom Nebenraume durch die Wand selbst oder durch Leitung von den andern Wänden her, er muß vor dem Übergange in die Luft immer erst die Absorptionsschicht durchlaufen, falls diese sich auf der Außen-

seite befinden. Kalk- und vor allem Lehmputz eignen sich wegen
ihrer Porosität, Weichheit und großen Schichtdicke besser zur
Absorption, als die härteren Putze, wie Gips, Zement usw., die
sehr stark reflektieren. Da aber diese Arten gewisse Vorteile
haben: schnelles Abbinden, Glätte, Sauberkeit, geringe Dicke
usw., wird man sie nicht immer gern entbehren wollen. Deshalb
hinterlegt man sie manchmal mit einer zweiten absorbierenden
Schicht, wie Korkstein oder Filz. Doch dann tritt sehr leicht
eine Eigenschaft der hart abbindenden Putze auf, die zum Ver-
hängnis werden kann: Der Putz liegt auf der weichen Unterlage
wie eine straff gespannte Schallplatte auf, die äußerst leicht in
Schwingungen gerät sowohl durch Stöße, wie durch irgendwelche Schwingungen, einschließlich des Luftschalles. Überträgt
die Unterlage diese Schwingungen auf die Wand selbst, dann ergibt sich leicht eine größere Schalldurchlässigkeit, als wenn
Unterlage und Putz weggeblieben wären. Übrigens kann die Plat-
tenwirkung auch zustande kommen, wenn der Putz auf der Mauer
direkt, aber locker aufliegt. Man hört das schon, wenn der Putz
beim Beklopfen hell klingt. Das harte Abbinden wird gestört durch
Zusetzen von feinem Sand zu dem bei 1000^0 gebrannten Gips,
oder von etwas Kieselgur, Holzmehl, Sägemehl und von feinen
Korkabfällen zu dem bei 120^0 gebrannten; eingeknetete Kuh-
haare sichern den Zusammenhalt. Da der Putz durch Austrocknen
rissig und damit schalldurchlässig werden kann, muß man ihn
mit wenig Wasser ansetzen. Ähnliche Vorsicht ist bei den Ver-
schalungen aus Holz u. dgl. auszuüben, besonders wenn die
Wand selbst sehr dünn ist, denn durch Resonanz verstärken sie
unter Umständen sogar den Schall. Daher benützt man feinen
Sand zum Ausfüllen der Hohlräume und zum Dämpfen der
Plattenschwingungen. Besonders auf Treppenhäusern, in denen
sich wenig absorbierendes Material befindet, ist es gut, einen absorbierenden Putz zu haben. Des Bestoßens wegen kann man den
Sockel mit härterem Putz versehen. Die rauhen und weichen
Putze haben den Nachteil, schneller schmutzig zu werden und
Staub festzuhalten. Der unangenehmen Eigenschaft des Lehm-
putzes, Feuchtigkeit anzuziehen und allerlei Pilzen eine Brut-
stätte zu bieten, begegnet man damit, daß man den fertigen Putz
eine Zeitlang durch die Hitze von Koksöfen (über 50^0) austrocknet
und die Ränder durch Dachpappe u. dgl. gegen Feuchtigkeit

der Außenmauern isoliert. Durch geeignetes mehrfaches Rohrgewebe und durch Haarzusatz werden die Risse vermieden, wie
dies neuere Methoden zeigen. Jedenfalls kommt Lehm den Anforderungen der Akustik wohl am besten nach: er absorbiert
stark schon an der Oberfläche, er ist nicht porös und gerät nicht
leicht in Biegungsschwingungen.

Neben die Isolations- und Absorptionstätigkeit des Putzes
tritt die der Holzverkleidungen, Stoffbespannungen, Tücher,
Teppiche usw. Sie haben die Aufgabe, den ankommenden Schall
im Raume selbst zu schwächen und einen möglichst geringen
Teil an die Mauer gelangen zu lassen. In jener Richtung entwickeln dicke oder mehrfache Lagen von Tuchen, Filz, Watte usw.
ganz gute Eigenschaften, aber mit ihrer Durchlässigkeit ent-
täuschen sie meist. Sie sind zu leicht und viel zu porös, um dem
Schall ein größeres Hindernis zu bieten. Bessere Resultate hat
man mit Preßkork und gepreßtem wolligen Filz erhalten, obwohl
auch deren Durchlässigkeit weit größer ist als man häufig an-
nimmt. Es scheint, daß die Absorptionswirkung von porösen
Stoffen, wie Tuche u. dgl., größer wird, wenn diese mit einem
gewissen Abstand von der Wand oder bei mehreren Lagen auch
untereinander angebracht werden, so daß der Schall mehrfach
zurückgeworfen und absorbiert werden kann. Eine etwaige Abhängigkeit von der Wellenlänge dürfte bei dem fortgesetzten
Wechsel der Tonhöhe der meisten Schalle kaum berücksichtigt
werden. Bei Dauertönen dagegen besteht ein Unterschied, je
nachdem der poröse Stoff an die Stelle eines Bauches oder Knotens
der stehenden Schwingung gebracht wird.

Durchlässigkeit der nicht porösen Stoffe für Luftschall.

Feste, ausgedehnte Stoffe vermögen auszuführen: Longi-
tudinal-, Transversal- und Biegungs- sowie Oberflächenschwin-
gungen. Die Transversal- oder Schiebungswellen treten nicht auf
bei senkrechtem Einfall und sie sind völlig unmöglich in schub-
spannungsfreien Materialien. Bei der Untersuchung der Durchlässigkeit der Materialien haben wir gewöhnlich alle Arten zu
berücksichtigen, denn sie treten in der Praxis selten gesondert

auf, obwohl die eine oder die andere die weitaus vorherrschende zu sein pflegt. Mag sein, daß ursprünglich nur eine Art vorhanden ist, durch die die anderen erst hervorgerufen werden.

Der Vorgang beim Durchgang des Schalles durch feste, nicht poröse Stoffe ist der folgende: Die Verdichtungswellen der Luft werden zum Teil an der Oberfläche des festen Stoffes reflektiert, zum andern erregen sie im Stoffe selbst sowohl die eigentlichen akustischen Schwingungen, die sich durch das Material fortpflanzen und die an der anderen Seite nach mehrmaliger Reflexion im Innern wieder an die Luft übertragen werden, als auch Biegungsschwingungen, falls das Material einer Platte oder Membran ähnelt. Diese Platten schwingen als Ganzes oder in Teilen, so daß sie auf der entgegengesetzten Seite wie ein Instrument Schallwellen in der Luft erzeugen. Wir werden sehen, daß gerade diese Biegungsschwingungon die häufigsten sind und daß sie auch die Hauptvermittlung spielen beim Übergang von Luft- in Bodenschall und umgekehrt, während verhältnismäßig wenig Schall direkt in das Wandmaterial eintritt. Von Durchlässigkeit im eigentlichen Sinne kann man also bei nicht porösen Körpern garnicht sprechen, da die Luftschwingungen nicht ohne weiteres durchdringen, sondern nur durch Vermittlung anderer Schwingungen der festen Körper. Man hat auch durchweg die Empfindung, daß der übertragende Körper selbst tönt. Da es in der Praxis jedoch unmöglich ist, die verschiedenen Arten der Schallübertragung voneinander zu trennen — die meisten technischen Materialien sind gewöhnlich etwas porös — spricht man von Durchlässigkeit nur im allgemeinsten Sinne. Bei Laboratoriumsversuchen jedoch ist eine Scheidung wohl angebracht, denn der Durchgang durch Poren bleibt konstant, während die Durchlässigkeit vermittels der Biegungsschwingungen abhängig ist von den Spannungen in den Materialien.

Ferner ist zu unterscheiden, ob bei gleicher Stärke des durchgelassenen Schalles der Rest des ankommenden Schalles reflektiert wird, oder ob er auch in bemerkenswerter Weise im Materiale absorbiert wird.

Bei vollkommen starren, unbiegsamen Wänden, die als Ganzes unter dem Einflusse von Luftschall frei schwingen und deren Oberfläche groß ist im Verhältnis zur Wellenlänge des

Tones, ist für das Durchdringen in Form von Verdichtungswellen die Formel von Rayleigh anzuwenden:

$$J_d = J_e \frac{k^2}{\mu^2 + k^2}, \quad \text{wobei} \quad k = \frac{\varrho_1 \lambda}{\pi} \quad \text{und} \quad \mu = d\varrho_2$$

$$J_r = J_e \frac{\mu^2}{\mu^2 + k^2}$$

$J_d =$ Stärke des durchgelassenen Schalles,
$J_e =$ „   „   auftretenden   „
$J_r =$ „   „   reflektierten   „
$\varrho_1 =$ Dichte der Luft,
$\varrho_2 =$ „   des festen Materials,
$d =$ Dicke   „   „   „
$\lambda =$ Wellenlänge des benutzten Tones.

Die Absorption durch das Wandmaterial ist dabei vernachlässigt. Bei gleicher Wandgröße verschiedener Materialien kann die Dicke und Dichte der Wand zum Gewicht μ zusammengezogen werden, und für gleiche Tonhöhen kann $\dfrac{\varrho_1 \lambda}{\pi}$ als konstanter Faktor k eingesetzt werden. Die Formel gilt genau nur für Stoffe, deren Dichte größer als 0,5 ist, und in denen die Schallgeschwindigkeit erheblich größer ist als in der Luft.

Man ersieht daraus, daß diese starren, freischwingenden Wände gegen Luftschall um so undurchlässiger sind, je schwerer sie sind und je höher der benutzte Ton liegt. Sowohl die Theorie wie auch die Praxis ergibt, daß dichte Stoffe schon bei geringer Dicke beinahe undurchlässig sind, vorausgesetzt, daß keine Biegungsschwingungen stattfinden können. Spannt man eine solche Wand am Rande fest ein oder verhindert man sie sonst irgendwie in ihrer freien Bewegung, dann würde sie vollkommen reflektieren, also schallundurchlässig sein. Da aber fast alle Stoffe elastisch sind, also auch Biegungsschwingungen, die vordem ausgeschlossen waren, ausführen können, und zwar in hohem Maße, erscheint die Durchlässigkeit gewöhnlich viel größer, als sie nach den Brechungsgesetzen für Longitudinal- und Transversalschwingungen zu erwarten wäre, besonders wenn sich die Eigenschwingungszahl der Wand mit der des Tones oder deren Vielfachen oder Teilen in Übereinstimmung befindet, kurz, im Falle der Resonanz. Aus diesem Grunde spielt auch das Verhältnis von Größe der Wand zur Wellenlänge des Tones eine bedeutsame Rolle. Bei solchen elastischen Wänden läßt die Durchlässigkeit bedeutend nach, wenn man die Wand in ihren Bewegungen hindert, jedoch ist wegen der Resonanzerscheinungen nicht gesagt, daß immer eine Herabminderung mit der Zunahme der Belastung erfolgt. Eine Wand mag bei geringer Spannung vielleicht sehr schalldicht erscheinen, weil ihr Eigenton (bzw. mehrere) tief unter dem des Tones liegt, aber bei zunehmender Belastung wird dieser Eigenton erhöht, so daß er unter Umständen die Höhe des untersuchten Tones erreicht. Natürlich gerät dann die Wand in lebhafte Biegungsschwingungen, erscheint also sehr durchlässig. Bei weiter zunehmender Belastung nimmt die Resonanz wieder ab, erreicht aber wahrscheinlich ein zweites und drittes Maximum. Da unbelastete Wände von größerer Ausdehnung tiefe Eigentöne haben, wird dieses bei zunehmender Belastung in den Bereich der am häufigsten auftretenden Tonhöhe gelangen, während kleine Platten sehr schnell über dieses Gebiet hinauskommen.

Wie verhält sich nun ein und dasselbe Material gegenüber Tönen von verschiedenen Höhen? Membranen[1]) — für Platten gilt ähnliches — schwingen am stärksten mit bei Erklingen ihres Grundtones, wobei der Ausschlag über der ganzen Fläche der Membrane immer nur nach einer Seite geschieht. Mit zunehmender Tonhöhe nehmen die Schwingungsweiten rasch ab, und beim nächsten Oberton ist der Ausschlag nur halb so groß. Dann erfolgen die Ausschläge auch nach verschiedenen Seiten. Je höher die Obertöne liegen, desto geringer wird der Höchstausschlag, und desto mehr Knotenlinien treten auf. Wenn der Grundton einer Membran erheblich höher ist, wie der untersuchte Ton, nach Wien mehr als 2 Oktaven höher, dann kann man annehmen, daß die Membrane auf alle Töne unterhalb jener Grenze gleichmäßig anspricht, je geringer die Dämpfung, d. h. die Reibung einer Membrane oder auch eines anderen schwingungsfähigen Körpers ist, um so kleiner ist der Resonanzbereich und desto heftiger werden die Schwingungen. Bei stark gedämpften, leichten Körpern, wie bei trommelfellartigen Membranen, tritt das lebhafte Mitschwingen nicht erst so plötzlich in unmittelbarer

---

[1]) Vgl. die Diss. von R. Berger.

Nähe des Einklanges auf und erreicht auch nicht die Stärke wie bei schwach gedämpften Systemen.

Da sowohl dünne, wie dicke unporöse Wände die tiefen Töne leichter durchdringen lassen, als die höheren, ergibt sich für einen Raum, dessen Wände diese Eigenschaft haben und in dem die musikalischen Klänge durch Nachhall, also durch reflektierten Schall, verstärkt und verlängert werden, eine Veränderung der Klangfarbe. Die hohen Töne werden im Raume besser zusammengehalten als die tiefen, und das bedeutet eine Verschärfung der Klangfarbe. Andererseits absorbieren poröse Stoffe gerade die hohen Töne stärker als die tiefen, wenn man von Resonanzerscheinungen absehen will, und deshalb mildert ein Wandbelag von weichen (porösen) Stoffen die Klangfarbe.

Ottenstein berechnet die Schalldurchlässigkeit in der Form von Biegungsschwingungen aus den Gleichungen für die statische Durchbiegung einer Platte, denn je größer der Biegungspfeil ist, desto größer sind die Schwingungsamplitüden der Platte und damit auch die der angrenzenden Luft. Für kreisrunde, am Rande fest eingespannte Platten ist bei gleichmäßiger Belastung der ganzen Oberfläche der Biegungspfeil

$$f = 0{,}17 \frac{p \, r^4}{E \, d^3}$$

und für dieselbe Platte, aber am Rande frei aufliegend

$$f = 0{,}70 \frac{p \, r^4}{E \, d^3}$$

$E = V^2 \varrho =$ Elastizitätsmodul des Plattenmateriales,
$\quad p =$ Druck auf die Flächeneinheit,
$\quad d =$ Dicke der Platte,
$\quad r =$ Radius der Platte,
$\quad V =$ Schallgeschwindigkeit im Plattenmateriale,
$\quad \varrho =$ spez. Gewicht des Plattenmateriales.

Für konstantes E und r nimmt sowohl bei kreisrunden als auch bei quadratischen Platten der Biegungspfeil mit der dritten Potenz der Dicke oder des Gewichtes ab. Andererseits nimmt f linear ab mit zunehmendem E, d. h. mit zunehmender Schallgeschwindigkeit und Dichte des Wandmateriales. Die Kurve verläuft asymptotisch und wird gleich 0 nur für den Fall $d = \infty$. Jedoch schon bei verhältnismäßig geringer Wandstärke hat eine Zunahme der Dicke keinen bemerkenswerten Einfluß mehr auf die Durchlässigkeit.

Von der Existenz eines Grundtones und von seiner Höhe kann man sich leicht etwas Aufschluß verschaffen, wenn man die Platten beklopft. Wände mit starken Eigentönen im gebräuchlichen Tongebiet erscheinen als hellhörig und sind demzufolge stärker durchlässig als dumpfklingende. Am wenigsten durchlässig sind die ganz hoch oder gar nicht erklingenden Wände, vorausgesetzt, es lagern der Wand keine Schichten vor, die entweder selbst einen bestimmten Eigenton geben oder die den Stoß vollständig dämpfen. Doppelschichten bieten natürlich infolge der häufigeren Übergänge mit den damit verbundenen Reflexionen und Absorptionen größeren Widerstand, sofern nur der Schall, der in die erste Platte eingedrungen ist, nicht durch den Rahmen ohne weiteres auf die zweite Platte fortschreiten kann, um von da sogleich wieder in die Luft überzutreten. Der zwischenliegende Raum isoliert natürlich gar nicht, er müßte denn luftleer sein, kann aber die Ursache einer verstärkten Durchlässigkeit sein, wenn die Luft darin mit dem Tone in Resonanz steht. Gerade bei dünnen Stoffen, die leicht Biegungsschwingungen ausführen, tritt der Fall häufig ein. Besser ist es, ein Material von doppelter Stärke zu verwenden. Der Glaube an die Isolationsfähigkeit eines Luftraumes stammt daher, daß die Luft gegen Bodenschall und Erschütterungen tatsächlich ein guter Isolator ist, wie wir später bei der Isolation von Fundamenten noch sehen werden.

Sieveking und Behm benutzten einen Kasten mit einer offenen Fläche. Wenn bei offenem Kasten die Schallstärke draußen 200 Skalenteile betrug, war sie nach Abschluß mit verschiedenen Materialien:

Korkstein	. . . .	3,5 cm	dick	36	Skt.
,,	mit Pechüberzug	6	,,	,,	32	,,
,,	,, Gipsüberzug	6,5	,,	,,	31	,,
,,	,, Papierüberzug	3	,,	,,	6	,,
,,	,, Zement	3	,,	,,	2,5	,,
,,	,, Gipsplatte	3	,,	,,	1,5	,,
Imprägnierter Korkstein	2	,,	,,	9,5	,,
,,	,, m. 4 mm Linoleum	2	,,	,,	7	,,
,,	,, fein	2	,,	,,	7,5	,,
,,	,, mit Papier . . .	2	,,	,,	3	,,

Doppelrahmen aus Korkstein, leer . . . . 1,5 cm dick 74 Skt.
    ,,   mit Sand gefüllt, lose . . 1,5 ,,   ,, 28 ,,
    ,,   ,,   ,,   ,, fest . . 1,5 ,,   ,, 18 ,,
    ,,   ,, Korkschrot, lose . . . 1,5 ,,   ,, 15 ,,
    ,,   .,   ,,   fest . . . 1,5 ,,   ,, 10,5 ,,

Durch verschiedene Versuche mit Scheiben von 35 cm Kantenlänge stellte ich die Durchlässigkeit folgender nicht oder nur wenig poröser Materialien für einen Ton von 256 Schwingungen i. d. Sek. fest (vgl. S. 40). Das Einspannen in den Rahmen des zwei Räume trennenden Fensters geschah so, daß die Biegungsschwingungen auf ein Minimum beschränkt waren. Daß diese Schwingungen nicht ganz beseitigt waren, ist kein Fehler, da sie in der Praxis ebenfalls überall auftreten. Andernfalls hätten die Angaben für den Praktiker wenig Bedeutung. Auch so dürfen die Werte nur als relativ angesehen werden, da die absolute Größe der Durchlässigkeit von der in den einzelnen Fällen der Anwendung wechselnden Plattengröße, Einspannung, Struktur (bes. bei Holz) abhängig ist.

Material der Scheiben	Dicke der Scheiben in mm	Gewicht in g für 1 qcm	Amplitüden des durchgelassenen Schalles bez. auf offenes Fenster = 100	ReflektierterSchall[1]) (Amplitude im Max. der stehenden Welle im Resonanzrohr) vgl. S. 31
Luft	—	—	100	4,0
Packpapier 1×	0,16	0,012	64,0	14,6
2×	0,32	0,024	47,6	—
3×	0,48	0,036	29,2	—
4×	0,64	0,048	21,6	—
5×	0,80	0,060	16,8	—
6×	0,96	0,072	13,3	—
7×	1,12	0,084	10,2	—
8×	1,28	0,096	9,4	—
Pappe . . .1×	2,30	0,143	4,4	—
2×	4,60	0,286	1,3	—
3×	6,90	0,429	0,7	—
Karton	0,23	0,026	33,6	18,6
Glas	2,75	0,680	0,3	21,3
Preßkork I . . .	4,90	0,126	4,6	25,5

[1]) Das Material reflektiert um so besser, je größer die Amplitüde im Maximum der stehenden Welle ist.

Material der Scheiben	Dicke der Scheiben in mm	Gewicht in g für 1 qcm	Amplitüden des durchgelassenen Schalles bez. auf offenes Fenster=100	Reflektierter Schall (Amplitüde im Max. der stehenden Welle im Resonanzrohr) vgl. S. 31
Preßkork II . . .	9,80	0,217	4,8	31,1
„ III . . .	14,80	0,320	0,6	30,6
Glimmer	2,30	0,510	0,6	22,6
Tannenholz . . .	6,00	0,264	2,2	23,5
Kiefernholz .1✕	6,90	0,420	0,6	27,6
2✕	13,10	0,830	0,2	—
Erlenholz	5,80	0,320	1,0	—
Eichenholz . . .	6,50	0,462	0,8	27,7
Aluminium I . .	0,80	0,231	0,8	29,5
„ II . .	2,90	0,800	0,2	27,3
Weißblech I . .	0,18	0,171	3,3	20,7
„ II . .	0,23	0,220	2,3	27,9
„ III	0,39	0,346	1,4	29,0
„ IV . .	0,45	0,360	1,0	29,0
„ V . .	0,59	0,490	0,6	25,4
Zinkblech . .1✕	0,90	0,780	0,2	—
2✕	1,80	1,560	0,04	—
Messing	3,00	—	—	30,3
Marmor	25,00	—	—	32,5

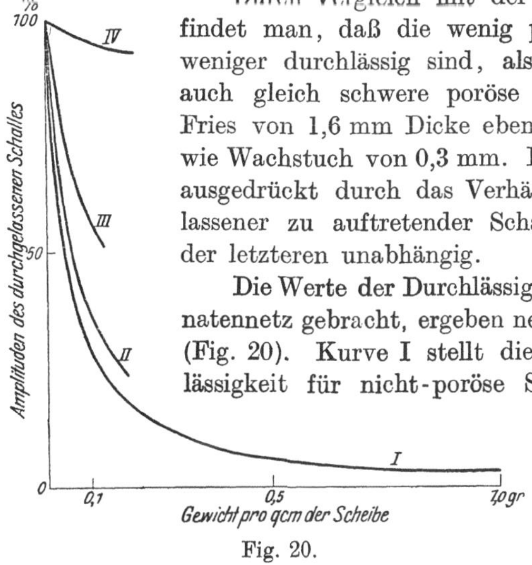

Fig. 20.

Durch Vergleich mit der Tabelle auf S. 40 findet man, daß die wenig porösen Stoffe viel weniger durchlässig sind, als gleich dicke oder auch gleich schwere poröse Stoffe, z. B. läßt Fries von 1,6 mm Dicke ebensoviel Schall durch wie Wachstuch von 0,3 mm. Die Durchlässigkeit, ausgedrückt durch das Verhältnis von durchgelassener zu auftretender Schallstärke, war von der letzteren unabhängig.

Die Werte der Durchlässigkeit, in ein Koordinatennetz gebracht, ergeben nebenstehende Kurve (Fig. 20). Kurve I stellt die Werte der Durchlässigkeit für nicht-poröse Stoffe dar, II entspricht den Werten für Wollfries, III desgl. für Batist und Watte, IV für Drahtgaze.

4*

Berger fand folgende Werte:

Für	mm	Gewicht pro qcm	Amplitüde des durchgelassenen Schalles Luft = 100
Lederpappe	0,5	0,045	89
Preß-Korkstein	10	0,179	87
„	15	0,290	82
„	20	0,372	74
„	102	1,737	35
Asbestpappe.	1	0,10	87
„	1,5	0,134	83
„	2	0,223	80
Fichtenholz	13	0,546	84
„	24	1,008	64
Verbleites Eisenblech	1	0,748	70
Klingerit	3	0,60	55
Dachpappe	4	0,57	52
Asbestschiefer	8	1,45	20
Beton	25	5,4	13
Asphalt	18	3,9	11,6
„	29	6,5	9,7
Bleiblech	5	5,6	8,9

Ottenstein stellte für zusammengesetzte, fertige Wände von 200 × 60 cm Größe die nebenstehende Tabelle auf.

Die dritte der drei Schichten war immer dieselbe feststehende halbsteinstarke Ziegelmauer, die den Schall im wesentlichen nur durch ihre Poren dringen läßt. Die Stärke des durch die dritte Wand allein gedrungenen Schalles wurde gleich 100 gesetzt, und zu ihr wurde der Schall in Vergleich gebracht, der bei Vorschaltung der ersten und zweiten Schicht noch hindurch zu gelangen vermochte.

Die Versuche zeigen, daß eine Schicht von Preßkork oder Dachziegeln, mit oder ohne Zwischenfüllung (Schicht II), den Schall nicht so gut abhält, wie eine einfache, gleichstarke Schicht aus Lehm oder Asphalt. Nr. 7 bis 9 geben den Einfluß des Putzes wieder.

Aus der Zusammenfassung der vorhergehenden Erwägungen erhellt, daß ein Material um so undurchlässiger gegen Luftschall ist, je mehr das Produkt aus seiner Schallgeschwindigkeit und seiner Masse von dem der Luft abweicht, daß man also als Isolator gegen Luftschall möglichst schwere und dicke Stoffe zu wählen hat. Wie in einem späteren Kapitel gezeigt wird, sind das aber auch die Stoffe, die die einmal aufgenommenen Schwingungen, den

Wand Nr.	Relative Durchlässigkeit	I. Schicht	Dicke in mm	II. Schicht	Dicke in mm	III. Schicht	Dicke in mm	Bemerkungen
1	100	—	—	—	—	Ziegelmauer (halbsteinstark)	120	mit Gips verbunden.
2	80	Preßkork	30	Korkpulver (Korn 4 mm)	50	„	120	→
3	77	„	30	Schweißsand	50	„	120	mit Querleisten aus Preßkork. Zwischen I. und III. Schicht.
4	75	„	30	Luft	50	„	120	ohne Querleisten.
5	73	„	30	Schweißsand	50	„	120	desgl.
6	72	—	—	Lehm trocken	30	„	120	desgl.
7	70	Dachziegel (Biberschwänze)	20	Luft	150	„	120	mit ganz trockenem Verputz 4 mm.
8	58	„	20	„	150	„	120	mit ziemlich trockenem Verputz 4 mm.
9	54	„	20	„	150	„	120	mit nassem Verputz 4 mm.
10	33	—	—	Lehm halbtrocken	30	„	120	—
11	30	—	—	Ziegelmauer (hochkant)	65	„	120	Schicht II und III mit Gips verbunden.
12	25	—	—	Lehm naß	30	„	120	—
13	schwach hörbar	—	—	Asphalt	40	„	120	—
14	schwach hörbar	—	—	Ziegelmauer (halbsteinstark	120	„	120	Schicht II und III mit Gips verbunden.
15	unhörbar	Ziegelmauer (hochkant)	65	Ziegelmauer (hochkant)	65	„	120	desgl.

Bodenschall, besonders gut leiten. Daher hat man sorgfältig zu untersuchen, ob die Isolation sich vor allem gegen Luft- oder gegen Bodenschall zu richten hat, eine Aufgabe, deren Lösung nicht immer ohne weiteres auf der Hand liegt. Da die Biegungsschwingungen außerdem von der Elastizität des Stoffes, von den auf die Wand wirkenden Drucken, von der Randeinspannung und von der Größe und Gestalt der Wand abhängen, bieten sich verschiedene Möglichkeiten, die Durchlässigkeit der Wände zu verändern; vgl. S. 47.

Wände.

Die Ergebnisse der Theorie und der Laboratoriumsversuche, vermehrt durch die Erfahrungen aus der Praxis, geben uns reichliches Material, Wände, Türen, Fenster und Decken auf Schallsicherheit hin zu behandeln.

Wenden wir uns zuerst den Wänden allein zu, so finden wir, daß sie zweierlei Aufgaben dienen sollen. Sie sollen zwei Räume nur voneinander trennen, oder sie sollen zu gleicher Zeit Träger für das darüberliegende Bauwerk sein. Ihre Ausführung braucht diesen Zwecken entsprechend im ersten Falle nur leicht und dünn zu sein, wobei sehr viel Baumaterial, das nur das unterliegende Bauwerk belasten würde, und Geld gespart werden kann. Um auch Stützen entbehren und die ganze Wand glatt und dauerhaft ausführen zu können, oder um die Last nicht auf dem Boden ruhen zu lassen, sondern auf die anschließenden Wände verteilen zu können, führt man die Wände in der Art von eingespannten oder aufgehängten Platten auf, die aus Rücksicht auf die Festigkeit möglichst innig, d. h. mit hocherhärtendem Mörtel verbunden und selbst gewöhnlich sehr hart sind. Je härter und fester sie sind, um so dünner können sie sein. Als Material kommen in Frage: einfache Betonplatten, Betonhohlsteine, armierter Beton, Gipsplatten, Rabitzwände, hartgebrannte Voll- und Hohlziegel, hochkant aufeinander gelegt, Schwemmsteine, Kacheln usf., dann Holz, Lehm auf Rohrgeflecht, Torfmullplatten, Korkplatten, Blech, Pappe und schließlich Papier, wie in den japanischen Häusern.

Diese Wände sind zum Teil porös, zum anderen Teil besitzen sie ihres plattenartigen Charakters wegen gewöhnlich in hohem Maße die Fähigkeit, Biegungsschwingungen ausführen zu können.

In einigen Fällen dürfen diese durch ein weniger straffes Einspannen zu vermindern sein; im allgemeinen aber müssen sie durch weitere Mittel verhindert werden, wenn nicht überhaupt das Material durch ein besser geeignetes zu ersetzen ist. Die Schwingungsfähigkeit der dünnen Wände wird verringert durch eine Verkleinerung der Oberfläche der Trennungswand, durch Vermehrung der Wanddicke, durch gute Versteifung außen mit Rippen und mit den Querwänden oder im Innern mit Winkeleisen u. dgl. Die verschiedenen Felder sollten nicht gleiche Eigenschwingungen haben, weshalb sie entweder verschieden groß oder verschieden stark oder dicht sein müssen. Diese Maßnahmen richten sich nicht nur gegen die Durchlässigkeit der Wände zwischen zwei Räumen, sondern zugleich gegen das Bestreben, Schall aufzunehmen, um diesen nach entfernteren Orten zu leiten oder von auswärts hergeleiteten Schall an die Luft abzugeben. Beide Vorgänge spielen sich ja vor allem durch Vermittelung der Biegungsschwingungen ab.

Wände aus Fachwerk oder ganz aus Lehm auf stärkerem Rohrgewebe, wie es nach System Krebs ausgeführt werden kann, zeigen sehr gute Eigenschaften, wenn nur jede Art Rissebildung vermieden wird. Das Fachwerk hat geringe Spannung in den einzelnen Feldern und stellt im ganzen kein festes, einheitliches Gefüge dar, während Lehm wegen seiner Formbarkeit und geringen Härte wenig Neigung hat, Biegungsschwingungen auszuführen. Zugleich aber ist Lehm sehr dicht, so daß der Schall weder in stärkerem Maße in ihn eintreten, noch durch Poren hindurchgehen kann. Schließlich hat er noch den Vorteil, an der Oberfläche zu absorbieren (vgl. S. 28 u. 30).

Wenn es die Verhältnisse erlauben, sind die Wände mit möglichst lockerem Gefüge stets vorzuziehen, vorausgesetzt immer, daß sie keine Poren und Risse haben. Man hat Trennungswände, einfach oder doppelt, ganz aus Korkstein hergestellt, die an den Außenflächen verputzt waren. Die Erfolge waren sehr verschieden, je nachdem die Wand, bzw. der Putz beim Beklopfen einen mehr oder weniger starken und hellen Ton gab. Auch der Putz — man wählt für diese Zwecke hier gewöhnlich hoch erhärtenden aus —, der auf dem Kork aufliegt, wirkt mit seinem homogenen und festen Gefüge über die ganze Wandfläche hin wie eine Schallplatte, die den Schall leicht aufnimmt, an die Luft in den Poren des Korksteines abgibt und durch Vermittelung der zweiten Putzplatte in die Luft des anderen Raumes übergehen läßt. Die hart abbindenden Putze erkennt man genau wie die entsprechenden Mörtel an ihrem hellen Klang beim Beklopfen.

Oben war schon besprochen worden, daß Lufträume zwischen zwei dünnen Wänden als Isolatoren gegen Luftschall keinen Wert haben, daß sie im Gegenteil verschlechternd wirken können. Daher dürften solche Hohlräume immer auszufüllen sein mit gepreßtem wolligen Stoff, Korkstein, feinem Sand, Lehm oder dgl., wobei immer noch zu beachten bleibt, daß wollige Stoffe viel Poren enthalten, und daß Sand leitend wird, wenn auf ihm größere Lasten ruhen. Um dieses zu vermeiden, ist es gut, die Schicht durch Querleisten zu unterteilen, die aber ihrerseits von den Wänden isoliert sein müssen, um nicht selbst Leiter darzustellen. Über die Leitung von Füllungen vgl. auch S. 64 und die Tabelle auf S. 53. Der Wert von Doppelwänden besteht in der Isolationsfähigkeit gegen Bodenschall (Klopfen usf.).

Was bisher über die Wände gesagt wurde, die nur der Trennung zweier Räume dienen sollen, läßt sich zum Teil auch auf die Wände übertragen, die die weitere Aufgabe haben, das darüber liegende Bauwerk tragen zu helfen. Bei diesen liegen die Verhältnisse einerseits günstiger, weil der Tragfähigkeit wegen die Schichten dicker und dichter sein müssen, andererseits aber nimmt durch den vermehrten Druck die Neigung zu Biegungsschwingungen zu. Das Eindringen des Schalles in Form von Verdichtungswellen ist bei der gebräuchlichen Dicke und Dichte der Wände zu vernachlässigen.

Die wenig homogenen Wände, aus Bruchsteinen, aus weichgebrannten Ziegeln mit weichem Mörtel usw. genießen in akustischer Beziehung den Vorzug, werden aber deshalb doch häufig von den festverbindenden harten Wänden verdrängt, weil diese wegen ihrer größeren Tragfähigkeit an Material bedeutend sparen. Je härter ein Mörtel abbindet, je fester er also die einzelnen Bausteine zu einem Ganzen fügt, desto ungünstiger wirkt er in akustischer Beziehung, zumal er zugleich eine dünnere Bauweise erlaubt. Wenn natürlich eine Wand so dick ist, daß Biegungsschwingungen kaum mehr in Frage kommen, fällt die Einwirkung des Mörtels auch nicht mehr ins Gewicht, dagegen tritt dann die Eigenschaft der Leitungsfähigkeit für Bodenschall stärker hervor, wie wir später sehen werden. Ein weicher Mörtel hat dagegen den Nachteil, viel Poren zu enthalten.

Den Eigenschaften des Mörtels stehen die der Bausteine zur Seite, die in den verschiedensten Härtegraden verwendet werden. Als Isolator nur gegen Luftschall eignen sich die harten Materialien besser, besonders dann, wenn sie nicht zu fest untereinander verbunden sind; doch sie sind zugleich gute Leiter für Bodenschall. Man muß diesen gegebenenfalls abhalten durch Isolation der Wand gegenüber den anderen Mauern, Fundamenten und sonstigen Leitern, oder man muß eine Erzeugung von Bodenschall auf der Mauer selbst verhindern durch einen weich-elastischen Belag in Form von weichem Mörtel, Tuchbespannung, Linoleum, Kork, Falzpappe oder Jute unter der Tapete usw., bzw. durch Abrücken der Maschinen von der Wand. Betonwände versieht man manchmal auf der Innenseite mit einer Schicht von 5—10 cm starkem Bimsbeton, der nicht nur weniger Schall entstehen läßt, z. B. beim Klopfen, oder solchen weiterführt, sondern der zugleich einen besseren Wärmeschutz gewährt und benagelbar ist. Man kann einen Schritt weiter gehen und den Tragewänden eine nicht tragende Isolierwand vorsetzen, unter Umständen auf beiden Seiten der Mauer, so daß dieser die Isolation gegen Bodenschall zufällt, während jene den Luftschall zurückhält. Die Isolierwände können zu gleicher Zeit absorbieren.

Über Wände aus Schwemmsteinen und Hohlziegeln gehen die Meinungen noch auseinander. Jedenfalls dürfen die Poren keine Verbindung herstellen, und die Löcher der Hohlziegel dürfen nicht senkrecht zur Wand verlaufen. Nußbaum empfiehlt das Ausfüllen der Hohlräume mit feinem Sand. Unter Berücksichtigung aller anderen Umstände und bei Anwendung der nötigen Vorsichtsmaßregeln dürften sich diese Materialien gut bewähren, wenn sie auch gegen Luftschall etwas durchlässiger bleiben werden als gleichstarke Wände aus Vollziegeln.

Türen und Fenster.

Über Türen und Fenster ist ähnliches zu sagen, wie über die Wände, nur ist noch mehr Vorsicht zu gebrauchen, weil sie wegen ihres plattenartigen Charakters stärker zur Durchlässigkeit neigen. Je schwerer und je weniger porös die Türen sind und je besser sie versteift sind, um so besser sind sie. Daß Schlitze (z. B. auch Schlüssellöcher) durch Einlagen von Filz, Hanf, Tuch oder dgl. auf jeden Fall zu vermeiden sind, ist schon erwähnt worden. Diese Einlagen müssen so dick sein, daß sie selbst nach Eintrocknen des Holzes noch genügend abdichten. Der größte Aufwand an dicken Wandmaterialien nützt nichts, wenn eine Tür nicht ganz dicht schließt. Die Türplatten werden zweckmäßig aus mehreren Teilen zusammengefügt, ev. mit einer Zwischenlage aus Rohpappe oder Asbestpappe. Eine Polsterung auf der Außenseite hat nicht viel Wert, da sie doch durchlässig bleibt und ihre Absorption wegen der geringen Ausdehnung gegenüber den übrigen Wandflächen kaum ins Gewicht fällt. Türen, die auf Rahmen und Füllung gearbeitet sind, neigen besonders zum Mitschwingen.

Falls das Gewicht einer Tür nicht zu groß werden darf, kann man es auf eine Doppeltür verteilen, die auf den Innenseiten aber gepolstert sein sollte, damit die Gefahr eines Resonierens des Hohlraumes vermieden wird. Ebenso sind Doppelfenster naturgemäß undurchlässiger als einfache, doch, soweit nur das Glas in Frage kommt, würde eine doppelt so starke Scheibe nützlicher sein, wobei zugleich eine Luftresonanz vermieden wird. Dagegen schützt eine zweite Scheibe gegen den Schall, der durch die Ritzen des einfachen Fensters gedrungen ist. Die geringe Wirkung von zwei Scheiben, auf demselben Rahmen ohne Isolation aufgelegt, war weiter oben besprochen worden. Überhaupt ist für Türen und Fenster ihres plattenartigen Charakters wegen ganz besonders alles das zu beachten, was auf Seite 44ff. gesagt worden ist; vgl. auch S. 54ff. Durch dicht schließende Fenster mit größeren Scheiben dringt in erster Linie der tiefe Schall (dumpfes Dröhnen), während die hohen Töne besser ihren Weg durch die Öffnungen finden. Zur Probe kann man das Ohr an die Spalten und auf die Scheiben legen und man wird erstaunt sein über die Menge Schall, die in das feste Material gelangt und die durch die Öffnungen dringt.

Um das Schwinden des Holzes möglichst zu vermeiden, muß auf eine gute Auswahl ausgetrockneten, rissefreien Holzes gesehen werden. Querleimungen und andere bekannte Hilfsmittel verhüten ein Biegen der Leisten.

Bei Oberlichtern wird die Durchlässigkeit geringer, wenn man die Scheiben nur schwach auf einen dichten Filzrand aufdrückt, so daß im Glas wenig Spannung entsteht und zugleich die Schwingungen gedämpft werden. Bei Straßenfenstern, an die der Schall gewöhnlich von unten schräg antrifft, kann man das Eindringen der Schallwellen etwas verhindern, wenn man den oberen Teil des Mauerrahmens nach außen aufwärts abschrägt, so daß der Schall von da nicht an das Fensterglas reflektiert wird. Bei Fenstern, die außen glatt anliegen, z. B. bei manchen Doppelfenstern, kommt das nicht erst in Frage. Solche Eckenräume halten gern den Schall zusammen, und diese kräftigeren Schwingungen erregen natürlich die Scheiben besonders stark. — Die abgeschrägten Kanten haben, nebenbei gesagt, den Vorteil des besseren Lichteinfalles.

Als weiteres Hilfsmittel kommen dichte, schwere Holzläden in Frage, die gegebenenfalls innen gepolstert sein können. Die Polsterung würde nicht so sehr wirksam sein, wenn es sich nur um die Absorption beim Durchgang handelte, da aber der Schall zwischen Holzladen und Fensterscheibe mehrfach zurückgeworfen wird, kommt eine vermehrte Wirkung der Polsterung zustande.

Telephonzellen.

Bei den Telephonzellen liegt ein doppeltes Problem vor. Einmal soll der Schall nicht hinaus- oder eindringen, und dann soll der Schall, da er an einer Ausbreitung behindert ist, seine Energie sich also in dem kleinen Raume anhäuft, nicht zu einer Stärke und Dauer (Nachhall) anwachsen, daß das Sprechen schwierig oder gar ganz unverständlich wird. Resonanzerscheinungen müssen natürlich ganz vermieden werden.

Das Wandmaterial darf nicht schalldurchlässig sein, soll also (vgl. S. 40) nicht porös sein, soll möglichst dicht sein und soll so befestigt sein, daß es nicht in Biegungsschwingungen geraten kann. Die Fenstergläser müssen ebenfalls dick sein und ohne Luftzwischenräume, die gegen Luftschall doch nicht isolieren. Die Größe der Fenster ist möglichst zu beschränken, und die Fugen sind alle gut abzudichten. Die ganze Zelle ist nach außen, also auch nach dem Fußboden zu isolieren, damit nicht Bodenschall eintreten kann. Zum mindesten dürfen die Innenbelege wegen der Schallabgabe nicht schallplattenartigen Charakter haben. Da der eingeschlossene Raum sehr klein ist und ein Nachhallen wegen der Verständlichkeit vollständig zu vermeiden ist, auch eine Verstärkung durch den reflektierten Schall ganz unnötig, wenn auch nicht völlig zu vermeiden ist, müssen die Wände dieses Raumes so stark absorbierend als irgend möglich gestaltet werden. Da die schallundurchlässigen, dichten Materialien wenig absorbieren, müssen sie auf der Innenseite mit einem gut absorbierenden Stoffe bedeckt werden, der seinerseits eine glatte Oberfläche haben soll, um den Ansprüchen auf Sauberkeit und Gesundheit nachkommen zu können.

Ein Nebenumstand ist noch zu erwähnen: Da die Zelle möglichst luftdicht abgeschlossen wird, entsteht beim schnellen Schließen der Tür innen ein Überdruck, der sich nicht schnell genug ausgleichen kann und recht unangenehm auf unsere Ohren einwirkt. In manchen Fällen ist er so stark, daß wir für einige Zeit nicht mehr imstande sind, deutlich zu hören. Zu vermeiden ist das durch ein langsames Schließen der Tür oder durch ein sich erst im letzten Moment schließendes Ventil. Auch die Tür kann so eingerichtet sein, daß sie nicht auf einen Schlag schließt, und endlich vermeidet eine Schiebetür das Übel vollständig.

Decken.

Für die Durchlässigkeit von Decken gilt natürlich ähnliches wie für die der Wände, nur treten bei ihnen weit mehr Zugspannungen auf, ihr Material besteht meist aus mehreren dünneren Schichten, und das Gewicht ist geringer als bei den entsprechenden Wänden. Es ist nicht leicht festzustellen, welcher Teil der Decke an der starken Durchlässigkeit schuld ist. Manchmal ist die Decke selbst eigentlich gar nicht durchlässig, sondern sie leitet den Schall nur in die Seitenwände, von denen er dann in die Luft eintritt. Wegen der Breite der Übergangsschicht ist die Orientierung schwierig, und man schließt auf die Herkunft nur nach der Erfahrung. Je nach der Abgabefähigkeit der Wände ist der Anteil der Decke am gesamten eingedrungenen Schall zu bestimmen.

Für dieses Kapitel liegen eine ganze Anzahl von Versuchen vor, doch leider finden sich auch hier sehr viel Widersprüche. An dieser Stelle soll besonders vermieden werden, bestimmte Konstruktionen als absolut schalldicht anzugeben. Es kommt ja nicht nur auf das System an, sondern auch auf die Ausführung im einzelnen, so daß sich eine Decke von einer und derselben Bauart in der Praxis sehr verschieden verhalten kann. Es läßt sich nur sagen, daß sich gewisse Arten im allgemeinen mehr oder weniger günstig verhalten. Daher soll hier in erster Linie nur die Wirkung der einzelnen Bauteile im Deckenaggregat besprochen werden.

Die Decken gestaltet man möglichst leicht, einmal um eine unnötige Last zu vermeiden und um die Kosten zu sparen. Nach den älteren Verfahren ergab sich trotzdem eine beträchtliche Bauhöhe, aber die modernen Konstruktionen erlauben uns Decken von außerordentlich geringer Stärke mit großen Spannweiten zu ziehen. Während man früher weichere Materialien verwendete, wie Holz, kommen jetzt immer mehr Beton, Ziegel, Schwemmsteine u. dgl. zur Verwendung. Diese häufig unter hoher Spannung stehenden harten Baustoffe bieten reichlich Gelegenheit, Schall entstehen zu lassen und ihn gut weiterzuleiten bzw. durchzulassen. Trotzdem lassen sich durch einige Maßregeln in den meisten Fällen die unangenehmen Eigenschaften aufheben. Die modernen Baumaterialien an sich müssen nicht unbedingt die Ursachen unerträglicher Zustände sein, wie sie bei manchen ungeeigneten Konstruktionsarten zutage treten.

Die Durchlässigkeit von Decken scheint von oben nach unten größer zu sein als umgekehrt. Jedoch ist diese Erscheinung nur eine Folge des Umstandes, daß in der Richtung nach oben beinahe nur Luftschall in Frage kommt (außer wenn Transmissionen an der Decke hängen), während abwärts gerade der Bodenschall in Erscheinung tritt. Im letzten Abschnitt ergab sich, daß ganz allgemein eine Wand oder eine Decke um so schalldurchlässiger ist, je größer, je weniger dicht, je dünner, je elastischer und je poröser sie ist, sei es, daß der Schall sich auf die oder auf die andere Art der Schwingungsformen fortpflanzt.

Bei den Decken kommen mit Bezug auf die akustischen Verhältnisse folgende Hauptbestandteile in Betracht: die Trägerkonstruktion, der untere Belag, die Zwischenfüllung und der Fuß-

bodenbelag. Die Zusammenstellung aus diesen einzelnen Teilen
soll so getroffen werden, daß die Decke möglichst wenig klingt,
also beim Gehen, Stoßen usw. wenig Schall erzeugt, daß sie Luftschall nicht durchläßt und Bodenschall nicht gut leitet, bez.
an die Luft abgibt.

Schall entsteht auf schwingungsfähigen elastischen Platten
leichter als auf fester, dichter Masse oder auf weichen Stoffen.
Manche Stoffe erzeugen mehr Luftschall, der in dem Raume
selbst zu bemerken ist, andere dagegen mehr Bodenschall, der
vor allem in den Räumen darunter zur Wirkung kommt. Hohl
aufgelegte Holzbretter bringen gern Geräusche des Polterns und
Knarrens (durch Reibung) hervor. Freiliegende dünne Beton-
oder Steinplatten, wie auch solche, die auf Filz, Kork oder groben
Schüttungen, in denen sich leicht hohe Stellen bilden, liegen,
erklingen dagegen beim Begehen oder Beklopfen in hellen, scharfen
Tönen. Sind größere Platten über Hohlräumen gespannt, in denen
womöglich wenig Absorption stattfindet, dann entstehen dumpfere
Töne (Dröhnen), ähnlich wie bei Gewölben, die sich unter starker
Spannung befinden. In manchen Fällen haben Decken beinahe
eine gewisse Ähnlichkeit mit den Resonanzkästen musikalischer
Instrumente.

Homogene, weitgespannte Estriche aus hartem Materiale
geraten leichter in Schwingung als solche, die aus mehreren ge-
trennten Stücken bestehen. Der Unterschied ist sehr deutlich
bemerkbar, wenn man einzelne Platten erst lose nebeneinander
legt und sie später fest verbindet.

Die Geräuscherzeugung kann gemildert werden durch Auflegen von weichen, elastischen Stoffen, die die Stöße in sich auf-
fangen, also z. B. Korklinoleum, Teppiche, Bastmatten usw.
Aber es hätte nur einen zweifelhaften Wert, alte dünne Holzfußböden durch Auflegen von Korklinoleum oder dgl. verbessern
zu wollen, da sie trotzdem noch ihre Geräusche erzeugen können,
die vielleicht weniger durch Stöße, als durch Drucke (Durchbiegung
und damit verbundene Reibung) erzeugt werden. Langsam wirkenden Drucken bieten die weichen Stoffe keinen Halt, verteilen
sie auch nicht auf größere Flächen, weshalb es besser ist, auf den
Grund zu gehen, d. h. einen neuen festen Fußboden einzustzen.

In Räumen, in denen Teppiche nicht zu liegen kommen sollen,
wählt man eine Deckenoberfläche, die selbst nicht oder nur

wenig schwingungsfähig ist, wie z. B. Asphalt oder Terranova-
estrich, der wohl rasch trocknet, aber trotz der Härte noch körnig
und porös bleibt, so daß er einen weichen Gang ermöglicht. Aber
auch hier muß ein hohles Aufliegen sorgfältig vermieden werden.
In Musikzimmern kommt gewöhnlich Holz zur Verwendung,
da dieses die hohen Töne und Geräusche besser absorbiert als die
Töne des musikalischen Bereiches, die es übrigens durch Mitschwingen bei der Reflexion verzögert, so daß der Klang weicher
und voller wird. Da also ein Mitschwingen des Fußbodens erwünscht ist, muß der ganze Belag nach den Seiten und nach unten
isoliert werden, wenn an anderen Orten eine Störung sich fühl-
bar machen sollte.

Die Auflagematerialien, z. B. Teppiche und Filz, nehmen
die Stöße um so besser auf, je dicker und weicher sie sind. Linoleum
darf nicht im Laufe der Zeit hart und brüchig werden, weshalb
es mit den richtigen Putzmiteln zu behandeln ist. Bei einer
Unterlage von unebenen und zu weichen Stoffen werden leicht
Löcher durchgestoßen, oder das Linoleum wird durch die fortgesetzten Durchbiegungen brüchig. Dagegen hält es sich über
einem glatten festen Estrich (Magerbetonschicht aus Kies-,
Bims- oder Schlackenbeton, Holz-, Kork-, Sorelzement-Glatt-
estrich usf.) mit einer Zwischenlage von Filzpappe sehr gut.
Die weichen Unterlagen ergeben bisweilen einen unsicheren
Gang, den man verbessern kann, wenn man stärkere Lagen Pappe
unterlegt.

Holz-Balkendecken, deren unterer oder auch oberer Belag
aus einzelnen Brettern (Abschlußplatten) mit zahlreichen Spalten
besteht, müssen mit einer besonders guten Schüttung versehen
sein, die den Zweck hat, den durch die Spalten eintretenden
Schall zu absorbieren und die Schwingungen der Bretter und der
in den Hohlräumen eingeschlossenen Luft zu dämpfen[1]). Sie
erfüllen diesen Zweck natürlich nur, wenn sie selbst nicht zu porös,
zu leicht und zu dünnschichtig sind. Auch die Lagerhölzer werden
mit Vorteil in eine Schicht von feinem Sand oder Asche gebettet.
Gegenüber den Schüttungen in Doppelwänden hat man hier den
Vorteil, daß die Schichten nicht sehr hoch sind, daß der Druck und

---

[1]) Solche Schüttungen kommen für die Wärmeisolierung ebensogut
in Frage, doch hier soll darauf nicht eingegangen werden.

damit die Leitfähigkeit nicht zu groß wird. Die Schüttungen über Massivdecken haben nur den Zweck, die Schwingungen des Estrichs zu dämpfen und ihren Übergang auf die Massivteile zu verhindern. Sie müssen derart beschaffen sein, daß der überlagernde dünne Estrich nicht durchbrechen kann.

Verschiedene Materialien haben sich für Schüttungen als geeignet erwiesen:

Gut ausgeglühter, trockener Sand (Bimssand, Kiessand),
feine Mörtelbrocken,
feine Asche,
Bimskies,
Torfmull,
Korkschrot,
Sägemehl usw.

Kreß stellt folgende Reihe mit zunehmender Dämpfungsfähigkeit auf:

Elbekies mit 25% Sandgehalt,
Kies und Sand (2:1),
Koksasche,
feiner Sand,
Kieselgur,
lockere Schlackenwolle,
Basaltschrot,
Korkschrot,
Korkmehl.

Grobe Schlacken, Kies u. dgl. stellen verhältnismäßig gut Leiter dar, sobald sie etwas zusammengedrückt werden.

Da es sich häufig nicht vermeiden läßt, daß in der Oberschicht der Decke Schwingungen entstehen, muß diese Schicht gegen die tragenden Teile der Decke und gegen die Wände, besonders wenn der Estrich als Hohlkehle hochgezogen werden soll, oder die ganze Decke gegen die Wände isoliert werden. Die Schüttungen sind erwähnt worden, und die Isolation gegen Bodenschall, um den es sich jetzt handelt, wird in den späteren Abschnitten besprochen. Hier sei nur vorausgeschickt, daß über die Tragekonstruktionen Streifen von Eisenfilz, Kork, Gewebebauplatte oder mehrfache Lagen von Asphaltpappe aufgelegt werden, und daß die Trägerköpfe mit denselben Materialien umgeben werden,

nach unten durch stärkere Schichten als nach oben und nach den
Seiten. Da die Elastizitätsgrenze der Isolatoren niemals überschritten werden darf, müssen diese den Auflagerdrucken entsprechend ausgewählt werden, oder der spezifische Auflagerdruck
muß durch eine Verteilung auf größere Flächen vermindert
werden, indem der Trägerkopf auf einen biegungsfesten Unter-
zug gelegt wird. Rein plattenförmige Decken **bedürfen dieser
Maßregel nicht**, da sie ohnehin ihren Druck nicht in Trägerköpfen
vereinigen. Gewölbte Decken, die einen Schub gegen die Umfassungsmauern ausüben, sind schwieriger zu isolieren. —

Im Gegensatz zu den leichten und mehrteiligen Decken sind
die starken Massivdecken so schwer, daß die Energie des Stoßes
beim Gehen sie nicht in Schwingung zu setzen vermag. An
anderer Stelle war schon erwähnt worden, daß dann allerdings
das Schlagwerkzeug leichter Töne oder Geräusche erzeugt, und
zwar gewohnlich solche von hoher Schwingungszahl. Den Schwingungen starker Maschinen gegenüber müßten die Massen der
Decken sehr beträchtlich sein, weshalb in höheren Stockwerken
besser Schwingungsdämpfer angewendet werden. Allenfalls kann
die Decke nach den Wänden zu isoliert und mit einer zweiten
untergehängten Decke versehen werden. Doch auch hier ist
wegen des Hohlraumes Vorsicht geboten. Eine solche Zwischen-
decke muß möglichst wenig schwingungsfähig sein und soll auf
beiden Seiten, vor allem oben gut absorbieren können, sei es auch
durch eine geeignete Füllung. Diese darf nicht zu schwer sein,
da sonst die Spannung der Decke und damit auch ihre Schwingungsfähigkeit zunimmt. Rabitz- oder ähnliche Decken dürfen
weder mit den Wänden noch mit der eigentlichen Decke in leiten-
der Verbindung stehen, da sie wegen ihrer beträchtlichen Spannung doch jede Schwingung an die Luft abgeben könnten, bzw. von
dieser aufnehmen würden. Eine Lehmputzdecke genügt allen akustischen Anforderungen so gut, daß sie gegen Bodenschall nicht isoliert zu werden braucht. Bei verschiedenen Deckenarten werden
die Räume zwischen den Rippen (Tragekonstruktionen) der Unterseite durch leichte Kunststeine (aus Schlacke, Schlackensand, Gips
u. dgl.) ausgefüllt, z. B. bei der Th. Lehmannschen Decke.

Ein fester Belag mit Korkstein, Filz oder mit weichem dicken
Putz auf der Innenseite der Unterdecke hat den Zweck, die höheren
Schwingungen zu dämpfen. Ihre Wirksamkeit wird jedoch gegen-

über den großen Gewichten massiver Decken und wegen ihrer
eigenen Porosität oft zweifelhaft sein.

Hohlziegel und Schwemmsteine, vor allem dann, wenn sie
nicht zu einer festen Platte zusammengefügt sind, dienen weniger
dem Schutze gegen Luftschall, als vielmehr dem gegen Bodenschall,
den sie weniger gut leiten als Vollziegel, Beton usf. Dazu tritt
als weiterer Vorteil der Umstand, daß solche Einzelsteine bei
ebenen Decken nur für geringe Spannweiten in Frage kommen,
d. h. daß durch häufigen Wechsel von Steinen und Trägern
(Eisen) die Schalleitung vermindert wird, und daß die Steine
nicht zu großen, besonders schwingungsfähigen Platten verbunden zu werden brauchen. Aus dem gleichen Grunde sind die
Decken aus einzelnen Betonbalken weniger leicht in Schwingungen
zu versetzen als die homogenen Decken, vorausgesetzt, daß die
Verbindung nicht zu innig wird. Bei Betonbalken mit Hohlräumen liegt die Gefahr nahe, daß sie als einzelne Stücke in
Resonanzschwingungen geraten.

In der Tonindustrie-Zeitung 1908 S. 1559 findet man als
Bericht über eine Sitzung des Deutschen Beton-Vereins eine gute
Zusammenstellung verschiedener Deckenkonstruktionen, bei denen
Rücksicht auf die Schalldurchlässigkeit genommen worden ist.
Es handelt sich dabei meist um Massivdecken, auf die eine Schüt-
tung von etwa 5 cm Asche oder Sand oder eine Lage von 2 bis 3 cm
starken Korksteinen kommt. Darüber liegt ein magerer Schlacken-
beton, Gipsestrich oder Steinholz, das dem Linoleum als glatte
Unterlage dient.

Es hängt ganz von den örtlichen Bedingungen, von der akustischen Inanspruchnahme und schließlich von den verfügbaren
Geldmitteln ab, welche Ausführung im einzelnen Falle zu wählen
ist. Zweifellos läßt sich fast immer eine genügend gute Isolation
durchführen.

Deckenschwingungen.

Berger[1]) untersuchte theoretisch die Einwirkung der Schwingungen eines Motors auf eine Decke, deren Belag aus Holz bestand, unter der Annahme, daß diese keine Biegungsschwingungen

---

[1]) Berger, Gesundheitsingenieur 1913, S. 433.

ausführt, sondern am Rande auf Federn ruht, so daß sie als Ganzes schwingen kann. Er kommt dabei zu folgenden Schlüssen: Sind Motor und Decke elastisch verbunden, so stimmt die kritische Winkelgeschwindigkeit beider zusammen nicht überein mit der kritischen Winkelgeschwindigkeit des Motors und der Decke allein. Die Decke schwingt um so stärker, je größer das Motorgewicht im Verhältnis zum Deckengewicht ist und je weniger die Motorunterlage nachgiebig ist im Verhältnis zur Deckenfederung.

Die gemeinsame kritische Winkelgeschwindigkeit liegt um so höher, je schwerer sich die Motorunterlage zusammendrücken läßt, und je biegsamer die Decke ist; sie wird vergrößert durch das Deckengewicht und verringert durch das Motorgewicht. Durch Unterbringung elastischer Unterlagen verschieben sich also die kritischen Umdrehzahlen und damit die Höchstausschläge nach den niederen Umdrehzahlen zu.

Durch die Verschiebung der Höchstausschläge nach den niederen Umdrehzahlen zu tritt eine erhebliche Verminderung der Schwingungsstärke ein; wozu noch als abschwächendes Moment kommt, daß die tieferen Töne weniger stark empfunden werden (vgl. S. 10).

Berger verwendet in praktischen Versuchen verschiedene Isoliermittel: gepreßten Filz, Gummi, Gewebebauplatte und Preßkorkstein (Figuren 21 bis 23). Eine Verminderung der Decken-

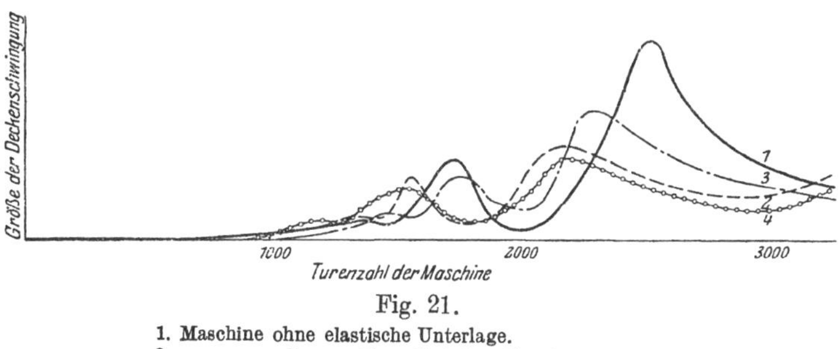

Fig. 21.

1. Maschine ohne elastische Unterlage.
2.　　„　　　mit gepreßtem Unterlagsfilz, 9,3 mm stark.
3.　　„　　„　　„　　„　　21　„　　„
4.　　„　　„　Gummiunterlage　　5　„　　„

schwingungen ist unverkennbar, besonders bei stärkeren Lagen. Die Schwingungen nehmen beim Anlaufen des Motors langsam zu, erreichen ein Maximum, nehmen wieder ab und kommen nach Durchlaufen eines weiteren größeren Maximums und Mini-

mums auf den Höchstausschlag an, um dann wieder langsam
abzunehmen. Die Maxima rühren in der Hauptsache von Resonanzerscheinungen innerhalb der Maschine her.

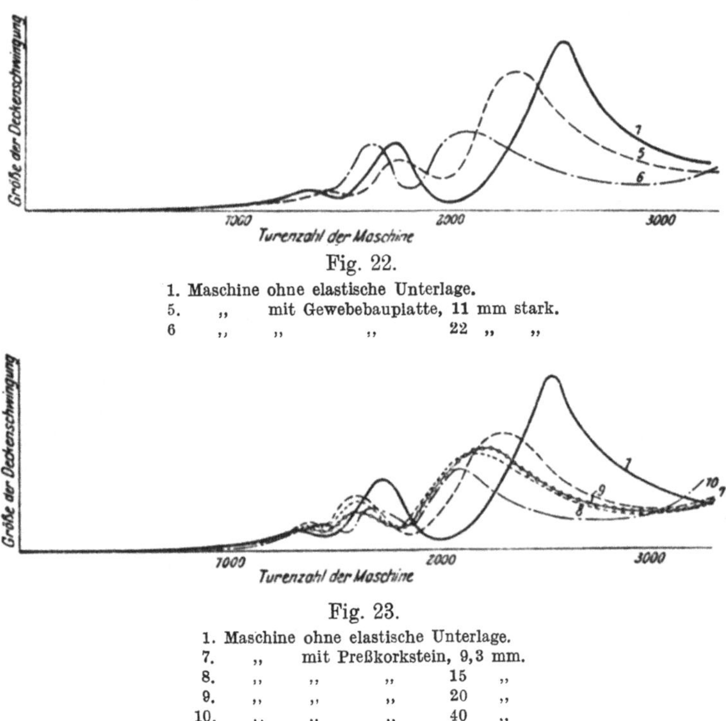

Fig. 22.

1. Maschine ohne elastische Unterlage.
5.   ,,   mit Gewebebauplatte, 11 mm stark.
6   ,,   ,,   ,,   22 ,,   ,,

Fig. 23.

1. Maschine ohne elastische Unterlage.
7.   ,,   mit Preßkorkstein, 9,3 mm.
8.   ,,   ,,   ,,   15   ,,
9.   ,,   ,,   ,,   20   ,,
10.   ,,   ,,   ,,   40   ,,

Sollte ein Motor mit einer bestimmten Umlaufszahl arbeiten
müssen, bei der die Decke ohne elastische Unterlage ein Minimum
der Schwingung zeigt, so muß man mit dem Isoliermaterial vorsichtig umgehen, da unter Umständen die Isolierschicht einen
verschlechternden Einfluß haben kann.

Schalleitung in festen Körpern.

Für die Schalleitung in festen Körpern kommt nur der
Bodenschall in Frage, also die Verdichtungs- und die Schubwellen in weitausgedehnten Körpern, die Dehnungswellen in

Stäben und Drähten und die bei Erschütterungen vor allem auftretenden Oberflächenwellen.

Die Intensitätsabnahme ebener Verdichtungs- (J_l) und Schiebungswellen (J_{tr}) in unbegrenzten, gleichförmigen Stoffen infolge der inneren Reibung, wird nach folgenden Formeln berechnet:

$$J_{l(r)} = J_l \left(1 - 4\,\pi^2\,n^2 \frac{\alpha + \beta}{\varrho\,V_e^{\,3}}\,r\right) \qquad J_{tr(r)} = J_{tr}\left(1 - 4\,\pi^3\,n^2 \frac{\alpha}{2\,\varrho\,V_{tr}^{\,2}}\,r\right)$$

$J_{l(r)} =$ Intensität d. ebenen Longitudinalwellen $\big\}$ nach Durchlaufen
$J_{tr(r)} =$ Intensität d. ebenen Transversalwellen $\big\}$ der Strecke r
$\quad n =$ Schwingungszahl,
$\left.\begin{array}{l}\alpha = \\ \beta = \end{array}\right\}$ adiabatische Reibungszahlen,
$\quad \varrho =$ Dichte des leitenden Stoffes,
$\quad r =$ Entfernung,
$\quad V_l =$ Geschwindigkeit der Longitudinalwellen,
$\quad V_{tr} =$ Geschwindigkeit der Transversalwellen.

Der Schallverlust ist also direkt proportional der ursprünglichen Schallstärke, der Entfernung, den entsprechenden adiabatischen Reibungszahlen und dem Quadrat der Schwingungszahl, umgekehrt proportional der Dichte und der dritten Potenz der Schallgeschwindigkeit.

Daraus ergibt sich, daß sich der Schall in festen Körpern trotz der hohen inneren Reibung ohne große Schwächung weit fortpflanzt, da die hohe Schallgeschwindigkeit und die Dichte den Einfluß der inneren Reibung aufheben. Hohe Töne werden stärker absorbiert als tiefe. Solche Stoffe, deren Produkt aus Dichte und Schallgeschwindigkeit möglichst groß ist, waren als gute Isolatoren gegen Luftschall angegeben worden. Sie kommen natürlich wegen ihrer guten Leitfähigkeit für Bodenschall nicht auch als Isolatoren gegen diese in Frage. Im Gegenteil sind hier solche Stoffe anzuwenden, für die das Produkt aus Dichte und Schallgeschwindigkeit möglichst klein ist, also etwa Luft, Filz, Kork, Gummi usw. Derartige Schichten von nicht zu großer Dicke übertragen den Schall nach der Formel,

$$J_d = J_e \frac{1}{(\pi \frac{d}{\lambda} \nu)^2 + 1},$$

die der auf S. 46 angegebenen Formel entspricht.

J_d = Intensität des übertragenen Schalles,
J_e = Intensität des eintreffenden Schalles,
d = Dicke der Schicht,
λ = Wellenlänge in der Trennungsschicht,
$\nu = \dfrac{V_1 \varrho_1}{V_2 \varrho_2}$ = Verhältnis der Produkte aus Schallgeschwindig-
keit und Dichte in den beiden Stoffen.

Die Schallgeschwindigkeit, die vor allem wegen ihres Einflusses auf die Leitfähigkeit interessiert, beträgt angenähert:

			Dichte
Stahl . . .	5100	m/Sek.	7,8
Kupfer . . .	3700	,,	8,9
Messing. . .	3200	,,	8,4
Glas	5000	,, ca.	2,5
Blei	1300	,,	11,3
Wasser . . .	1435	,,	1,0
Luft	340	,,	0,0013
Eiche . . .	3380	,, ca.	0,7
Mahagoni . .	4135	,, ,,	0,6
Tanne . . .	5250	,, ,,	0,5
Kautschuk .	60	,, ,,	1,0
Kork	500	,, ,,	0,2

Im Holz ist die Schallgeschwindigkeit verschieden längs und quer zur Faser, und zwar beträgt das Verhältnis bei

Tanne	2,2	Kiefer	1,5
Erle	2,0	Eiche	1,4
Birke	1,7		

Das Verhältnis der Leitfähigkeiten längs und quer zur Faser ist bei

Tanne	14	Kiefer	11
Erle	20	Eiche	2
Birke	6		

In lockeren Stoffen ist die Schallgeschwindigkeit geringer als in Luft, und zwar um so mehr, je dichter die lockere Masse (z. B. Erbsen, Watte) lagert und je tiefer der Ton liegt. Die Abhängigkeit der Schallgeschwindigkeit von der Temperatur ist im Bereiche von 0 bis 100° unbedeutend.

Die Schalleitfähigkeit selbst nimmt bei folgenden Stoffen in der Reihenfolge ab: Stahl, Eisen, Kupfer, Zink, Zinn, Blei (halb so gut wie Eisen). Die Hölzer besitzen wegen ihrer hohen Schallgeschwindigkeit eine gute Leitfähigkeit. Über die Leitfähigkeit von Mauerwerk und ähnlichen Stoffen, insbesondere der zusammengesetzten, liegen fast keine systematischen Versuche vor; doch es ist bekannt, daß ganz allgemein die Wände desto besser leiten, je dichter, härter und homogener ihr Material ist und je fester das Gefüge ist, d. h. je inniger und härter der Mörtel abbindet. Mit wachsender Spannung der Leiter nimmt die Leitfähigkeit zu, läßt aber schließlich wieder nach. Gestreckte und spitze Winkel von Stäben sind der Schalleitung günstig, während die rechten Winkel ein größeres Hindernis bieten.

Über die Schalleitfähigkeit der Körper kann man sich auf einfache Weise einen Aufschluß verschaffen, indem man eine Stimmgabel mit dem Stiele fest aufdrückt. Je besser die Leitung ist, je weniger Widerstand also der Ausbreitung der Schwingungen entgegengesetzt wird, desto kürzer ist die Schwingungsdauer der Gabel. Die Fälle der Resonanz und der Reflexion am Ende des Leiters sind besonders zu berücksichtigen, und man darf nie vergessen, daß man bei Anwendung schwacher Schalle, wie z. B. bei der Methode der Empfindungschwelle, häufig nur die Schallkapazität der Leiter mißt. Auch zwischen den Verdichtungswellen und den Oberflächenwellen muß man streng unterscheiden.

Für die Schallabnahme in unbegrenzten Körpern gilt der Satz der Absorption, daß eine Elementarschicht immer den gleichen Bruchteil der ankommenden Energiemenge absorbiert. Für die Entfernung r ist also, wenn k die Absorptionskonstante ist,

$$J_r = J_0\, e^{-kr},$$

d. h. die Abnahme findet geometrisch statt, wenn die Entfernungen arithmetisch wachsen.

In Stäben ist die Schalleitfähigkeit direkt proportional dem Querschnitt und indirekt proportional der Länge. Je größer die innere Reibung ist, desto stärker ist die Absorption. Die Leitfähigkeit der Stäbe hängt außerdem von der Umgebung ab, die den Querschnittsveränderungen verschiedenen Widerstand entgegensetzt und damit Energie entzieht. Der Schallübergang zwischen zwei Medien nimmt zu, wenn der Dichteunterschied geringer wird. Daher leitet ein Holzstab im Wasser weniger gut als in Luft. Dieser Umstand führt zu der Maßregel, die Schallenergie auf ausgedehnte Massen mit großer Kapazität abzuleiten, wenn man die Intensität an einer bestimmten Stelle des Leiters verringern will.

Bei der Angabe der Schalleitfähigkeit von Körpern darf man nicht vergessen zu erwähnen, ob sie an allseitig ausgedehnten oder an stabförmigen Stücken bestimmt worden ist.

Im übrigen verhindert man die Schallausbreitung, indem man den Weg durch schlechte Schalleiter unterbricht, bzw. die Schichten mit verschiedener Dichte mehrfach abwechselt. Bei der Unterbrechung mit Luft muß man darauf achten, daß nicht ein Resonanzraum entsteht, durch den ungewöhnlich viel Bodenschall in Luftschall verwandelt werden kann. Die Gefahr wird verringert, wenn der Raum mit weichem und lockerem Material ausgefüllt wird, also etwa mit Filz, Wolle, Naturkork. Die Schächte dürften auch schon aus dem Grunde öfter auszufüllen oder wenigstens leicht zu überdecken sein, damit nicht schwere Stoffe sich einlagern und eine leitende Verbindung herstellen. Wasser muß auf jeden Fall ferngehalten werden, da es ein ausgezeichneter Leiter ist.

Die Unterbrechung der Schalleitung kann an verschiedenen Stellen geschehen: 1. Der Schwingungsherd selbst wird isoliert; 2. Isolation innerhalb der Mauern und Decken; 3. Isolation des Gegenstandes, der in Mitschwingung geraten könnte.

Die erste Art scheint die gebräuchlichste zu werden, da man Materialien hergestellt hat, die trotz der auf ihnen manchmal ruhenden großen Massen noch ein gut Teil ihrer Isolationsfähigkeit behalten. Es ist natürlich an sich günstiger, die Störungsquelle zu fassen, als die ausgebreiteten Schwingungen an verschiedenen Orten unschädlich machen zu wollen.

Isolation des Schwingungsherdes.

Maschinen, die im Keller oder zu ebener Erde aufgestellt werden, sind verhältnismäßig leicht zu isolieren. Man stellt sie auf ein besonderes Fundament, das möglichst tief im Erdboden liegt und allseitig durch einen Spalt von mindestens 5 bis 10 cm Weite von den übrigen Fundamenten des Hauses getrennt ist. Durch diesen Luftschacht werden gerade die Horizontalschwingungen zurückgehalten, die auf die in senkrechter Richtung ausgedehnten Körper, also auch auf die Gebäude selbst schädlich einwirken können. Harter Untergrund oder Grundwasser sind imstande, sowohl einen Teil der horizontalen als auch der vertikalen Schwingungen zu übertragen, weshalb es gut ist, den Erdboden noch bis zu einiger Entfernung vom Fundament möglichst tief zu lockern oder einen Schacht in das Grundwasser einzulassen.

Sollten diese Maßregeln nicht genügen, dann muß das Fundament selbst nach unten isoliert werden durch eine stärkere Unterlage aus Naturkork, Eisenfilz, Preßkork, Preßtorf, Gewebebauplatten, Federn oder fertigen Schwingungsdämpfern (Fig. 24).

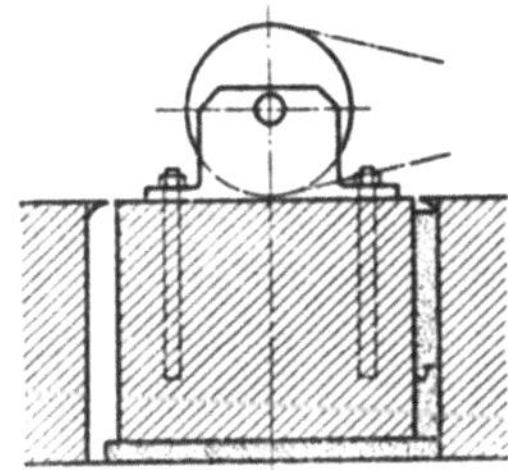

J ist das Isolationsmaterial (punktiert). Dieser Schicht fällt die Aufgabe zu, die Vertikalschwingungen am Ausbreiten zu verhindern und zugleich die Schwingungen des Fundamentes, bzw. der Maschine selbst zu dämpfen; vgl. S. 22. Man muß darauf achten, daß die Auflagefläche oberhalb und unterhalb der Isolationsschicht eben ist, damit nicht an einzelnen Stellen ein besonders starker

Fig. 24.

Druck entsteht, der ein Überschreiten der Elastizitätsgrenze verursachen könnte. Das Material ist durch Imprägnierung oder durch anderweitige Isolation gut zu schützen vor der Zerstörung durch Wasser, Säuren, Laugen, Öl, Fett oder durch Fäulnis. Sämtliche Ankerschrauben müssen oberhalb der Isolationsschicht

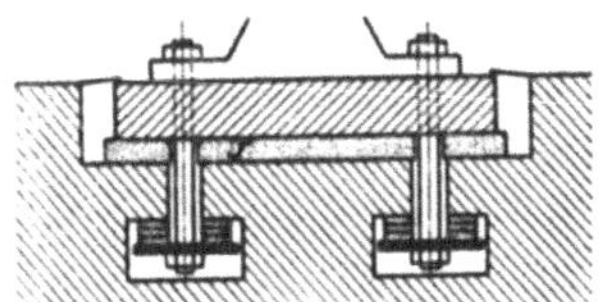

liegen, oder wenn das nicht möglich sein sollte, müssen sie alle besonders isoliert werden, wie in Fig. 25 dargestellt ist.

Die Isolationsschicht darf nicht an einer beliebigen Stelle untergebracht werden, denn wie wir sahen,

Fig. 25.

hängen die Maschinen- bzw. Fundamentschwingungen vom Verhältnis der Masse der Maschine zu der der Unterlage ab. Nun bedeutet aber die Einschaltung einer Isolationsschicht nichts anderes als eine Verkleinerung der Masse der Unterlage. Daher muß die Isolation so tief angesetzt werden, daß mit der Maschine noch ein genügend schweres Fundament fest verbunden bleibt. Andererseits kommt damit der Schwerpunkt der schwingenden Masse höher über der Auflagefläche zu liegen, so daß sich die Horizontalschwingungen intensiver ausbilden können. Da die Standfestigkeit der Maschine nach der Trennung vom Baugrund nur noch vom Eigengewicht abhängt, müssen gegebenenfalls, ebenso wenn mit einem seitlichen Riemenzug zu rechnen ist, isolierte Ankerschrauben durch die Isolierschicht geführt werden. Im übrigen liegen die Verhältnisse um so günstiger, je breiter das isolierte Fundament ist im Verhältnis zu seiner Höhe. Wenn ein Verrücken des Fundamentes durch seitlichen Zug in Frage kommt, muß an der entsprechenden Seite eine Isolationsschicht eingelegt werden (vgl. Fig. 24).

Diese Erwägungen führen dazu, nicht das Fundament einer einzelnen Maschine zu isolieren, sondern mehrere Maschinen, falls sie sich durch ihre Schwingungen nicht gegenseitig stören, auf eine gemeinsame Unterlage zu bauen und diese gegen die Umgebung zu isolieren, insbesondere gegen die Mauern und Pfeiler des Hauses.

Bei Verwendung von Schwingungsdämpfern liegen die Verhältnisse wesentlich anders, da die Schwingungen von diesen in weit stärkerem Maße gedämpft werden, als durch eine einfache Isolationsschicht. Die Größe des Fundamentes spielt dann nicht die vorher erwähnte große Rolle.

Wenn auf der Isolationsschicht gemauert werden soll, ist es mehr noch als in anderen Fällen nötig, sowohl unter als auch über der Schicht eine Lage ungesandete Dachpappe zu legen, um das Eindringen von Mörtel u. dgl. in die Poren und damit eine Verhärtung zu vermeiden. Die Enden der Pappe müssen gut übereinander gelegt sein. Die Dicke der Schicht wird den spezifischen Drucken der aufliegenden Massen und den Eigenschaften des Materials entsprechend gewählt. Daß man weiterhin Rücksicht auf die Eigenschwingung der Maschine und auf andere derartige Erscheinungen zu nehmen hat, zeigte Berger (S. 66).

Folgende Tabellen, die den Preislisten verschiedener Fabriken entnommen sind, geben einigen Aufschluß über die Elastizität mehrerer gebräuchlicher Materialien.

Gewebebauplatte.

Die Druckplatte (Nullast) wiegt 0,05 kg/qcm.

Druckfläche 423 qcm; Gewicht des Probestückes 530 g

Mittlere Dicke in cm

unter Nullast	Belastung 25 kg/qcm			Belastung 300 kg/qcm		
	unter d. Last	nach d. Entlasten		unter d Last	nach d. Entlastung	
	sofort	sofort	nach 30 Min.	sofort	sofort	nach 60 Min.
1,83	1,29	1,59	1,71	1,00	1,47	1,54

Eisenarmierter Naturkork
(Korfund, aus einzelnen rechteckigen Stücken zusammengesetzt).
Druckfläche 404 qcm; 60 mm Dicke ohne Belastung.

Gesamthöhenverminderung in Prozent bei den Belastungen von

2,48	4,95	7,43	9,90	12,38	18,85	kg/qcm
4,5	7,8	23,5	38,5	43,3	44,5	%

Bleibende Höhenverminderung nach der Entlastung

—	—	8,8	14,0	18,7	18,7	sofort
—	—	4,3	8,5	10,8	12,5	nach 5 Min.

Daß die Elastizität des Naturkorkes vollkommener ist als die des Preßkorkes, zeigt die folgende Tabelle:

Bei 40 kg/qcm Belastung wurde gedrückt:	Nach der Entlastung zurück: sofort	nach Stunden
60 mm Naturkork auf 27 mm	52 mm	60 mm
60 „ Preßkork „ 45 „	50 „	50 „

Dabei wurde das Gefüge des Preßkorkes etwas gelockert.

Imprägnierter Filz mit gehärteter Oberfläche.
Druckfläche 404 qcm. Mittlere Dicke:

Normaldicke cm	Belastung 25 kg/qcm			Nach d. Entlastung	
	sofort	nach 5 Min.	nach 10 Min.	sofort	nach 2 Std.
2,28	2,07	2,06	2,06	2,21	2,28

Die Maschinenschwingungen werden nicht allein durch die Fundamente übertragen, sondern Rohrleitungen, Transmissionen usw. geben allenthalben Gelegenheit zur Vermittelung. Die Isolation ist dann häufig nur mit großen Schwierigkeiten durchzuführen, z. B. bei Dampfkompressoren mit den zahlreichen Rohrleitungen. Gashaltige Rohre können wohl an irgendeiner Stelle unterbrochen werden, indem die Enden mit einer breiten Scheibe versehen werden, zwischen denen eine Isolationsschicht (Gummi, Filz, Asbest) liegt, oder sie werden aus einem elastischen Materiale hergestellt (Gummi, Leder, aneinandergefügte Metallringe, abgedichtete Spiralen usw.). Zum Schutze gegen langsame Schwingungen wird das ganze Rohr mehrfach rechtwinklig geknickt oder in großen Spiralen aufgewunden. Dagegen sind diese Mittel beinahe unwirksam bei Wasserleitungen, da die Schwingungen, wenigstens die höheren, vom Wasser übertragen werden. Solche Leitungen müssen ebenso wie massive Ver-

bindungsstücke von ihrer Umgebung getrennt, und die durch sie
in Mitleidenschaft gezogenen Gegenstände müssen isoliert werden.
Das wird um so mehr in Frage kommen, je starrer und kürzer
das Verbindungsstück ist, je größer sein Durchmesser ist und
je leichter der zweite Gegenstand in Schwingung gerät.

Um die Übertragung von Rohr zur Wand zu vermeiden,
werden die Rohre mit Isolationsmaterial durchweg umgeben,
wenn es innerhalb der Mauer liegt, oder die Dübel werden gegen
das Rohr oder gegen die Wand isoliert. Zu den eben erwähnten
Isolationsmaterialien gehört, da es sich um Bodenschall handelt,
auch die Luft. Die ausgezeichnete Schalleitung der Rohre, die
häufig die Undurchlässigkeit von Wänden zunichte macht, spielt
in den Gefängnissen eine gewisse Rolle, besonders in den Unter-
suchungsgefängnissen, da sie von den Inhaftierten zur Vermittlung von Zeichen benutzt wird. Infolge der geringen Schallabgabe
an die umgebende Luft eignen sich vor allem Heizungsrohre zum
Telegraphieren auf größere Entfernungen. Dampfheizungsrohre
lassen sich, wie oben erwähnt, verhältnismäßig leicht isolieren,
da durch den Dampf selbst wenig Schalleitung stattfindet; dagegen darf dem Sträfling keine Gelegenheit gegeben werden,
Wasserheizungen irgendwie zu berühren oder in sie hineinsprechen
zu können. Zu diesem Zwecke sind die Heizkörper in einiger Entfernung mit dichtem Stoff zu umkleiden und durch einen geeigneten
Zaun oder durch eine Mauer abzusperren. Die Wärme kann nach
oben durch einige Ventilationslöcher entweichen. Die Verständigung
geschieht durch einfache Klopfzeichen, das sogenannte Hakesen[1]),
wobei jedem der Buchstaben eine Anzahl Schläge entspricht, oder
durch die Morsezeichen, in dem lang und kurz durch verschiedene
Schallfarbe dargestellt wird, z. B. kurz durch das Klopfen mit dem
Fingerknöchel und lang durch das Aufschlagen des Handballens.
Die Vermittlung durch Luftkanäle war auf S. 36 behandelt.

Bei guter Schalleitung von Fußböden oder Wänden und
selbstredend auch bei Leitungsrohren, insbesondere bei ausgedehnten Heizkörpern, kann man sich ganz leicht unterhalten,
wenn man das Gesicht nahe an den Boden oder die Wand bringt
und langsam und deutlich spricht, während der Angerufene
sein Ohr dicht an die entsprechenden Teile seines Raumes legt.

---

[1]) Vgl. Groß, Handbuch f. Untersuchungsrichter.

Die Isolation beschränkt sich natürlich nicht nur auf Maschinen. Auch Transmissionslager an Wänden und Decken müssen gehindert werden, ihre Geräusche und Erschütterungen an die festen Bauteile abgeben zu können, sei es durch einfache Isolationsschichten (Fig. 26) oder durch Schwingungsdämpfer, die hierfür in besonderer Weise konstruiert werden. Bei Wandlagern (Fig. 27) übernimmt ein elastisches System (A) die auftretenden Vertikalschwingungen, während ein anderes (B) die horizontale Komponente zu vernichten bestimmt ist. Auf gute Isolation der Ankerschrauben ist auch hier großer Wert zu legen.

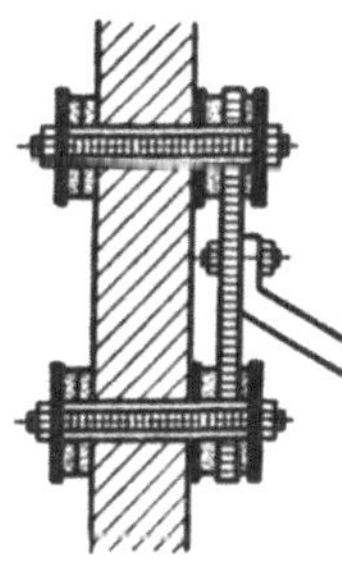

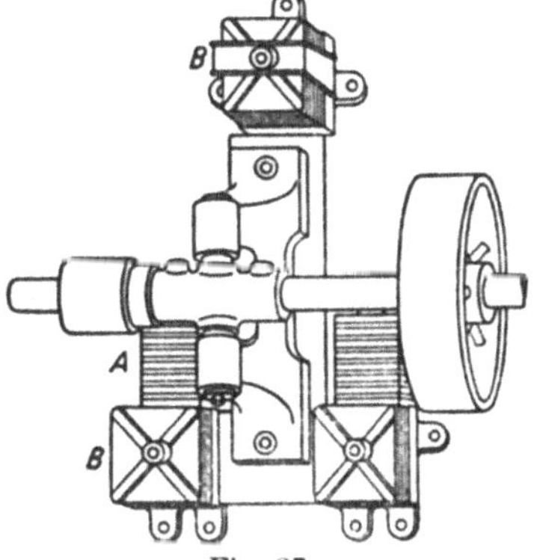

Fig. 26.Fig. 27.

Isolierende Zwischenlagen in den Wänden kommen selten zur Anwendung, da zu große Drucke auf ihnen lasten, andererseits auch die Festigkeit des Baues beeinträchtigt wird. Man könnte an das analoge Verfahren des Einlagerns von Dachpappe

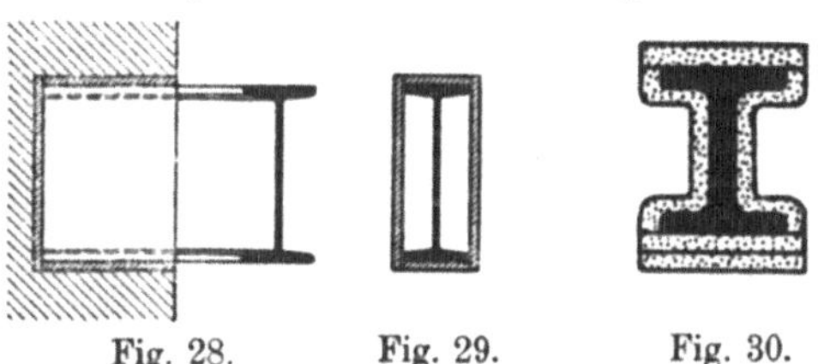

Fig. 28.Fig. 29.Fig. 30.

gegen aufsteigende Feuchtigkeit denken, doch diese Schichten werden so stark zusammengepreßt, daß sie meist ihre Elastizität verlieren. Dagegen werden die Decken gegen die Wände zu häufig isoliert, indem die Trägerköpfe (Fig. 28—30) mit 10 mm starkem Eisenfilz, mit Gewebebauplatten, imprägnierten, stark gepreßten Papp- oder Korkschichten umkleidet werden, oben, an der Seite und an der Stirnfläche je eine Schicht, unten eine Doppelschicht. Zur Verminderung des spezifischen Druckes war schon auf S. 65 auf die Verwendung von biegungsfesten Unterzügen hingewiesen worden. Bei Verbindung von eisernen Stützen untereinander oder mit Unterzügen soll eine Lage Walzblei oder Eisenfilz von guter Wirkung sein. Der Fußboden wird ebenfalls von der Wand durch eine Schicht Kork oder Filz getrennt. Die schon erwähnte Isolation des Estrichs oder der Lagerhölzer gegen die Trägerkonstruktion durch eine Schicht Sand oder durch elastisches Material kommt hier nochmals in Frage, ebenso wie die Unterbrechung der Schalleitung von der einen Oberfläche einer Wand zur anderen durch Füllungen, kurz: durch den Bau von Doppelwänden.

Homogene Bauweise unterstützt die Schalleitung, während eine Unterbrechung im Material, also ein Schichtwechsel, mehrfache Reflexionen mit gleichzeitiger Absorption hervorruft. Daher leidet man in den amerikanischen Wolkenkratzern, die in der Art eines Stahlgerüstes aufgeführt werden, in das die Wände und Decken in kleinen Stücken eingehängt werden, trotz der hervorragenden Leitfähigkeit des Stahles verhältnismäßig wenig unter Geräuschbelästigung. Die Decken erschienen mir wenigstens meist genügend schallsicher.

Wir bezeichneten die Wände als undurchlässig gegen Luftschall, deren Gewicht sehr groß war. Nun aber folgt, daß ebendieselben Wände gute Leiter für Bodenschall abgeben, daß sie also z. B. das Geräusch des Klopfens stark übertragen. Diese Doppelwirkung führt häufig zu Konflikten, wenn man sich nicht klar ist, gegen welche Art Schall man sich vor allem zu schützen hat. Außer der Isolation innerhalb der Wand ist das Mittel zu empfehlen, in der Wand keinen Bodenschall entstehen zu lassen (vgl. S. 16ff.) oder den Bodenschall, insbesondere die Erschütterungen, nicht an die Wand gelangen zu lassen.

Die Isolation von Klavieren ist a. a. O. besprochen worden. Hier soll nur hinzugefügt werden, daß bei der Konzentration des ganzen Gewichtes auf wenige sehr schmale Füße der spezifische Auflagerdruck für die meisten Isolationsmaterialien zu groß ist, daß daher eine Vergrößerung der Auflagefläche anzustreben ist, wenn die Isolation wirklich stattfinden soll. Recht brauchbar ist der für diesen besonderen Zweck konstruierte Weißsche Dämpffuß, der auch in entsprechender Größe unter Nähmaschinen u. a. gelegt werden kann. Da der Mittelteil der Oberfläche tief eingedrückt ist, stehen die Instrumente nicht viel höher, als wenn sie ohne Unterlage benützt würden. Es wäre zu wünschen, daß zum Wohle der Nachbarn alle Übungsklaviere, Nähmaschinen und ähnliche Geräuscherzeuger auf diese Weise isoliert würden.

Die Anwendung der Isolation im Haushalt soll hier durch ein Beispiel dargestellt werden. Kochherde erzeugen durch das Verschieben von Töpfen auf den Einsatzringen oder durch das Schließen der Eisentüren sehr unangenehme Geräusche, die sich nicht nur als Luftschall, sondern auch als Bodenschall durch den Kochherd fortpflanzen. In Häusern, deren Wände den Schall gut leiten und leicht an die Luft abgeben, ist der Herd tunlichst gegen die Wände durch Luft, Kork usf. und gegen den Boden durch die entsprechenden Mittel zu isolieren.

Isolation der zu schützenden Bauwerke.

Dieses Kapitel umfaßt eigentlich dieselben Verfahren, die schon in den vorhergehenden Absätzen behandelt wurden; nur das Anwendungsgebiet ist etwas verschoben. Ich glaube daher, mich auf einige praktische Fälle beschränken zu können. Als Beispiel seien nochmals die Telephonzellen erwähnt, deren dünnwandige Holzbeläge innen oder deren Glasscheiben die durch Bodenleitung eingedrungenen Schwingungen zum mindesten in Form von Dröhnen und Brummen an die Luft abgeben. Sie müssen deshalb als Ganzes gegen den Boden und gegen die Mauern isoliert werden.

Die Verhinderung der Übertragung von Schall oder Erschütterungen von einem Gebäude in die Umgebung muß häufig ins Auge gefaßt werden. Maschinenhäuser, Untergrund- und Hochbahnen, sowie Bahnen zu ebener Erde, Straßendämme mit Lastverkehr (besonders Lastautos) usw. sind gegen die Nachbargebäude zu isolieren, da es nicht immer gelingt, die oft recht beträchtlichen Erschütterungen am Entstehungsorte zu vermeiden, oder aber sie innerhalb der Gebäude unschädlich zu machen. Die Maßnahmen zum Schutze gegen Erdbeben fallen ganz ähnlich aus, da es sich hierbei in der Hauptsache auch um Oberflächenwellen handelt. Meist hilft man sich damit, die Gebäude durch tiefe Schächte zu schützen, oder die dazwischenliegende Erde möglichst tief aufzulockern, z. B. in Vorgärten. Die Vertikalschwingungen und ein Teil der Horizontalschwingungen haben freilich noch Gelegenheit, sich durch die unteren Schichten, insbesondere durch das Grundwasser fortzupflanzen, weshalb man gegebenenfalls besser fährt, auf ihre Beseitigung schon am Schallherd selbst zu achten. Aus diesem Grunde ist es auch gut, die Umfassungsmauern der Gebäude tiefer als die Maschinen zu fundieren und sie mit möglichst schweren Bauketten zu versehen.

Die Schächte können sowohl um das Maschinenhaus als auch um die zu schützenden Gebäude gelegt werden, wie letzteres z. B. bei Erdbeben oder bei der Isolation der Häuser gegen Straßenerschütterungen geschehen muß. In diesem Falle erhält man eine weniger umfassende Isolation, da immer noch anderwärts Störungen eintreten können. Die Gräben dürfen allenfalls mit lockerem Kies, Torf oder dgl. ausgefüllt und oben mit einem leichten Belag versehen werden; dagegen sind sie von Wasser freizuhalten.

Häuser, deren Brandmauern dicht aneinander liegen und zwischen denen es sich fast immer um Leitung von Bodenschall handelt, kann man durch eine Schicht aus Lehm, Sand, Luft oder mehrfacher Dachpappe trennen.

Die Untergrundbahn in Berlin wurde an verschiedenen Stellen in der Art isoliert, daß die Tunnelanlage vom Unterbau völlig getrennt gehalten wurde durch einen Zwischenraum, der mit lockerem Kies von 20 bis 30% Gehalt an Sand (bis zu 2 mm Korngröße) aufgefüllt war. Die Mittelstützen der Decken waren durch die Tunnelsohle bis auf den Grund geführt, ohne jene zu berühren.

Bei Hochbahnen sind direkte Verbindungen der Viadukte mit Häusern zu vermeiden, und die Stützen sind ebenfalls tief zu fundieren und seitlich durch einen Spalt freizuhalten. Mit Erfolg ist auch die ganze Schienenanlage durch eine dickere Kiesschicht gegen den Unterbau isoliert worden, ein Verfahren, das auf eisernen Viadukten besonders zur Geltung kommt.

Wenn die Spanndrähte der elektrischen Leitung der Straßenbahnen ohne Isolationsvorrichtung an den Häusern befestigt werden, übertragen sie reichlich viel von dem Geräusch, das durch die Stromabnahme entsteht.

Auch kleinere, einzelne Gegenstände werden durch Unterlegen von elastischem Material vor den in der Umgebung vorhandenen Schwingungen geschützt, z. B. Meßinstrumente, empfindliche Maschinen, Glaswaren.

Schallabgabe durch Bauteile.
(Umwandlung von Bodenschall in Luftschall.)

An sich stört uns die Schallenergie in festen Bauteilen nicht, denn nur selten kommt unser Ohr mit den Wänden, Fußböden usw. in so nahe Berührung, daß eine direkte Schalleitung stattfinden könnte. Man kann sich leicht davon überzeugen, wenn man das Ohr an eine Wand legt und dann Töne und Geräusche vernimmt, die in der Luft des Zimmers nicht zur Geltung kommen. Die Unannehmlichkeiten für uns persönlich beginnen erst, wenn der Schall von den festen Materialien an die Luft abgegeben wird, so daß er dann unbehindert an unser Ohr gelangen kann. Anders verhält es sich mit den Erschütterungen, in gewissen Fällen auch mit den tiefen Tönen, die nicht erst an die Luft übertragen werden müssen, um eine schädliche Wirkung zu erzielen, sie werden in festen oder flüssigen Körpern bis zu dem Orte geleitet, an dem sie eine bemerkbare Tätigkeit entfalten können.

Wie stark nun die im festen Material enthaltene Schallenergie (Bodenschall) in Luftschwingungen (Luftschall) umgewandelt wird, hängt von der Beschaffenheit der Materialien ab. Wir haben auf den im Abschnitt über Schallentstehung schon behandelten Fall zurückzugreifen, daß die periodischen Schwingungen oder auch Stöße in festen Stoffen nach einem Instrument geleitet werden, das durch sie in akustische Schwingungen versetzt wird, besonders stark im Falle der Resonanz. Der Begriff Instrument ist hierbei sehr weit zu fassen, denn es handelt sich nicht nur um musikalische Instrumente, sondern um alle Arten mehr oder weniger freischwingender Platten, Membranen, Stäbe, Saiten usw. Die Mittel der Verhinderung sind auf S. 16 angegeben. Physikalisch ähnlich, aber durch die äußeren Umstände unterschieden, ist die Schallabgabe durch Wände, Decken und Fußböden, bei denen es sich meist auch um Plattenschwingungen handelt. Genau wie nur wenig Luftschall direkt in Verdichtungsschwingungen in Materialien von einigermaßen großer Dichte verwandelt werden kann, sondern gewöhnlich nur durch Vermittlung von Biegungsschwingungen, könnte auch nur ganz wenig Schall aus festen Körpern in Luft übertreten, wenn nicht die Biegungsschwingungen wieder die Vermittlerrolle spielen würden. Sollen also Wände und Decken stumm bleiben, d. h. die in ihnen vorhandenen Schwingungen nicht an die Luft abgeben, so müssen sie so wenig wie möglich imstande sein, Biegungsschwingungen auszuführen. Einen gewissen Anhalt über diese Fähigkeit findet man in dem Klang der Wände beim Beklopfen: je hellhöriger sie sind, je mehr Schall durch das Klopfen erzeugt wird, um so leichter geraten diese Stoffe in Biegungsschwingungen. Es bedarf nur eines kurzen Hinweises, daß man dabei nicht die Schallabgabe des Schlagwerkzeuges beobachtet, denn wenn man z. B. mit einem Eisenhammer auf eine sehr große Eisenmasse schlägt, so hören wir nicht so sehr die Schwingungen des Eisenklotzes, als vielmehr die des Hammers.

Im Gegensatz zur Umwandlung von Luftschall in Bodenschall enthält hier die primäre Schwingung, also der Bodenschall, gewöhnlich bedeutend größere Energien, entsprechend den bewegten Massen, obwohl dies für unser Ohr kaum bemerkbar ist. Wie wir weiter oben bei dem Versuche mit der Stimmgabel (S. 71) sahen, entzieht ein Material einer Schallquelle von etwa gleicher Dichte um so mehr Energie, also nimmt diese in sich selbst auf, je besser es leitet und je größer seine Masse ist; und die meisten festen Körper leiten besser als die Luft. So findet bei sonst gleichen Bedingungen scheinbar viel leichter eine Umsetzung von Bodenschall in Luftschall statt, als es umgekehrt der Fall ist. Würde man gleiche Energien annehmen, dann dürfte wohl der Übergang vom festen Material zur Luft und umgekehrt ungefähr der gleiche sein.

Es wurde schon erwähnt, daß entsprechend der Schallaufnahme alle die Wände durch ihre Biegungschwingung den Schall leicht abgeben, die einen plattenartigen Charakter haben: also dünne,

nicht versteifte, gespannte Wände aus gleichartigem, fest verbundenen Materiale oder solche, die eine dem Holze ähnelnde
Struktur haben, vor allem aber Türen und Fenster mit großen
Scheiben sind sehr geeignet, den Schall der Luft mitzuteilen,
der an sie heran durch Bodenleitung gelangt, z. B. von
der Straße her. Da ihre Eigenschwingungszahl gewöhnlich tief
liegt, geben sie ein brummendes Geräusch, aus dem man eine bestimmte Tonhöhe leicht herausfinden kann. Ähnliches gilt
von dünnwandigen Kabinen, wie Telephonzellen. Bei manchen
neueren Spekulationsbauten werden die meisten Innenwände
aus Gipsdielen, Drahtputz oder nach irgendwelchen Patent-
verfahren mit geringer Dicke hergestellt, so daß von einer gegen-
seitigen Versteifung der Wände nicht die Rede sein kann. Es ist
dann natürlich nicht zu verwundern, wenn das ganze Kartenhaus
durch äußere Erschütterungen in lebhafte Schwingung gerät,
wenn zugleich Luftschall von der Straße die Wände durchdringt
und wenn der Bodenschall in reichstem Maße in Luftschall umgewandelt wird. Häufig sind es nun nicht die Wände selbst,
sondern nur der Belag (Putz, Holzverschalung usw.), der für
die Schallabgabe sorgt, insbesondere wenn dieser nur an einzelnen
Stellen mit der Wand verbunden ist. Der hart abbindende hell-
klingende Gips- und Zementputz, Holz u. dgl. zeigen hierbei
besondere Fähigkeiten. Ist ihre Anwendung aus anderen Gründen
geboten, so müssen sie von der Wand isoliert werden, falls überhaupt eine störende Schallübertragung durch die Wände in Frage
kommt. Man kann zu diesem Zwecke den Belag auf Filz- oder
Korkleisten legen und den entstehenden Hohlraum, der leicht
als Resonanzraum wirken könnte, mit feinem weichen Sand oder
dgl. ausfüllen, oder man legt ganze Korkstein- oder weiche dichte
Filzplatten unter. Dieselben Besonderheiten bei Fußböden sind
a. a. O. besprochen worden. Doch ist Vorsicht geboten, da trotz
der Unterlagen ein harter Putz oder Holz schwingungsfähig bleiben
kann, und dabei vielleicht irgendeine, wenn auch unscheinbare
leitende Verbindung besteht. Daß resonierende Wände oder Belege die akustischen Verhältnisse im Raume selbst durch Vergrößerung der Nachhalldauer beeinflussen können, ist eine Erfahrung,
über die in der Raumakustik weiteres zu sagen sein wird.

Es muß an dieser Stelle nochmals erwähnt werden, daß
die weichen Putzarten, besonders der Lehmkalkputz, in akusti-

scher Beziehung besonders wertvoll sind, sowohl was die Schallaufnahme oder die Abgabe der Wände und Decken betrifft, als auch
die hoch einzuschätzende gleichzeitige Absorption.   Auf S. 29
sahen wir, daß es sich nicht allein um die Stärke des erzeugten
Schalles handelt, sondern auch um die Wirksamkeit im Raume,
die um so geringer ist, je stärker die Wände (vor allem der Putz)
und die darin enthaltenen Gegenstände absorbieren.

Die Wirkung von Erschütterungen kommt häufig an fern
gelegenen Stätten zur Geltung, wo man sie gar nicht mehr ver-
muten sollte.   Die Resonanz spielt hierbei eine große Rolle;
sie bewirkt, daß selbst große Gebäude in heftige Schwingung
geraten können, besonders wenn sie einem großen Pendel gleichen.
Gegenüber den Schallschwingungen handelt es sich hier um kleinere Schwingungszahlen, denen die großen Massen leichter nach-
folgen können.   Hohlspeicher, Schornsteine, Türme und ähnliche
Gebäude verhalten sich wie einseitig eingespannte Stäbe und geraten leicht in Schwingung, besonders wenn der Schwerpunkt,
wie bei leeren Speichern, sehr hoch liegt.   Besteht ein solcher
Speicher aus Eisenbeton, so gleicht er einem einfachen Pendel,
manchmal auch einem mehrteiligen Pendel, wenn mehrere Stockwerke übereinander stehen.   Die Erschütterungen sind gerade
in den oberen Stockwerken oft deutlicher zu bemerken, da oben
das Mauerwerk freier schwingen kann, da auch die Mauern selbst
dünner (membranöser) werden und nach den Seiten weniger fest
versteift sind.   Bei Annahme der allseitigen Ausbreitung der
Schwingungen müssen nach dem Gesetz von der Erhaltung der
Energie die geringeren Massen oben größere Amplitüden haben
als die schwereren Bauteile unten, sofern nicht durch Resonanz
eine Veränderung der Verhältnisse eintritt.   Aus demselben Grunde
geraten auch leicht gebaute Häuser in größere Schwingungen
als schwere Bauten von denselben Abmessungen.   Je homogener
und fester das Material verbunden ist (Eisenbeton, Stahlbau),
um so besser widersteht es den Erschütterungen.   Steht ein ganzes
Haus in Resonanz mit den anlangenden Erschütterungen und
gelingt es nicht, diese irgendwo vom Hause selbst fernzuhalten
oder überhaupt ganz zu unterdrücken oder die Schwingungszahl
der Maschine selbst zu verändern, so muß man sich u. U. dazu
entschließen, die Eigenschwingungszahl des Hauses zu verändern.
Sie wird geringer, wenn man, falls es die Tragfähigkeit erlaubt,

das Haus beschwert durch Sandsäcke, durch Aufstampfen von Beton auf dem Boden oder durch eine schwerere Dachbedeckung, größer dagegen durch die umgekehrten Maßnahmen, u. U. durch Abtragen eines ganzen Stockwerkes. Durch Änderung der Gewichtsverteilung, also durch eine Verschiebung der Knoten, wird ebenfalls die Wellenlänge verändert, desgleichen durch Änderung, besonders Verstärkung der Versteifungen. Unsymmetrische Anordnung, wie ein Turm in einer Ecke, tragen dazu bei, eine deutliche Eigenschwingungszahl des Hauses zu vermeiden. Sind zwei Gebäude miteinander fest verbunden, so werden sie sich gegenseitig dämpfen, wenn sie durch verschiedene Abmessungen verschiedene Eigenschwingungen erhalten haben. Ehe man an eine derartige Änderung herangeht, hat man genau festzustellen, welche von den vielleicht zahlreichen Maschinen der Störenfried ist und welches seine Eigenschwingungszahl ist.

Nebenbei geraten auch kleinere Gegenstände, die mit dem Hause irgendwie verbunden sind, in Schwingungen, häufig durch Obertonschwingungen in hörbare. Lampen, Topfplanzen, Gardinen, Tische, Schränke usw. sind Beispiele dafür.

Straßengeräusche[1]).

Neben den Werkstätten sind es die Straßen, in denen sehr viel störender Schall erzeugt wird. Auch hier hat man das Bestreben, die Schallerzeugung möglichst zu verhindern. Die Mittel dazu sind ganz verschiedener Art, je nach der Erzeugungsursache. Es handelt sich bei der Schallerregung gewöhnlich um einen Zusammenstoß von zwei Körpern, durch dessen Energie in dem einen oder dem anderen oder auch in beiden Körpern zugleich Schallwellen bzw. Erschütterungen erzeugt werden. Der betreffende Körper ist nach Möglichkeit am Schwingen zu verhindern, falls nicht überhaupt der Zusammenstoß vermieden werden kann, mit anderen Worten: die Stoßenergie ist in irgendeine andere Energieform umzusetzen mit Ausnahme der des Schalles und der Erschütterungen; verschwinden kann sie nicht.

Der eine Körper wird auf der Straße gewöhnlich durch den

[1]) Vgl. Pinkenburg, Der Lärm in den Städten.

Straßenboden dargestellt, auf dem die Fuhrwerke, Straßenbahnen, Fußgänger usw. die Geräusche erzeugen.

In erster Linie ist also der Fahrdamm und der Fußsteig so auszubilden, daß in ihm oder auf ihm Schallschwingungen oder Erschütterungen nur schwer entstehen können. Insbesondere sind alle Rauheiten und grobe Fugen zu vermeiden, denn an diesen Stellen stoßen die Wagenräder an oder sie beginnen zu springen. Gegenüber den Stößen der Pferdehufe soll das Pflaster nachgiebig sein, um die Stoßenergie durch innere Reibung in Wärme umzusetzen, wie z. B. bei Holz (besonders das weiche Nadelholz), Asphalt, Erde und Sand. Da die Körper um so weniger in Schwingungen geraten, je größer ihre Masse ist, muß ein schwingungsfähiges Oberpflaster, z. B. Holz, Asphalt, gut mit dem massiven Untergrund verbunden sein. Holzpflaster dehnt sich doch manchmal etwas aus, hebt sich also vom Fundament ab und wirkt wie eine Schallplatte. Der entstehende Hohlraum verstärkt dazu den Schall. Die Straßenbahngeräusche können hierdurch manchmal ganz unerträglich werden. Pflastersteine müssen ebenfalls fest im Sande eingebettet sein. Wegen der besonderen Empfindlichkeit gegen plötzlich auftretenden Schall sind schroffe Übergänge von geräuschlosem auf geräuschvolles Pflaster in der Nähe der zu schützenden Gebäude zu vermeiden. Es kann ja wohl auch ein Übergangsmaterial verwendet werden.

Als nächste Ursache kommen die Menschen selbst, Zugtiere, Fuhrwerke, Straßenbahnwagen usw. in Betracht. Wenn durch das Pflaster Gelegenheit gegeben ist, einen Stoß zu erzeugen, bedeutet es natürlich einen wesentlichen Unterschied, ob ein Wagen mit oder ohne Gummireifen läuft, ob er gefedert ist oder nicht. Da wir noch lange nicht so weit sind, alle Wagen auf Gummi fahren zu lassen, sollten wenigstens die ungefederten Lastwagen auf geräuschvollem Pflaster nur Schritt fahren, denn die Schallerregung nimmt sowohl mit der Geschwindigkeit als auch mit der Belastung zu. Lastautos, auch die Anhängewagen, müssen deshalb Gummi auf den Rädern haben. Daß bei ruhigerem Laufen auch der Wagen selbst nicht so sehr erschüttert, also auch nicht angegriffen wird, bedarf hier nur der Erwähnung. Die Hufeisen der Zugtiere erklingen wie ein Schlaginstrument ganz besonders gut, wenn sie etwas locker aufliegen. Durch Einlegen von Hanfstricken oder Stroh kann man etwas nachhelfen.

Auch der Inhalt der Wagen ist manchmal die Ursache ganz unerträglicher Geräusche, z. B. lange Eisenstangen, die am Wagen wie Pfauenfedern hängen. Die einzelnen Teile des Wagens bringen durch Reiben und Stoßen gegeneinander eine nicht unbeträchtliche Auswahl von Geräuschen hervor: Knirschen, Quietschen, Brummen usw. Und je mehr die Zapfen und Spurkränze sich ausleiern, je mehr die Verbände sich lockern, um so toller wird das Treiben und um so mehr werden andere Teile des Wagens beansprucht. Schmieren der Lager und Führungen vermeidet einige Geräusche. Locker angelehnte Bretter der Leiterwagen, klapperige Fensterscheiben der Luxusgefährte und eine Unzahl von Marterinstrumenten wären noch aufzuzählen, wären sie nicht allzubekannt, und wären die Mittel der Besserung nicht meist sehr naheliegend. Hundegebell, die Musik der Sperlinge, Katzen usf. gehört zweifelsohne auch zum Straßengeräusch; dieses zu beseitigen ist jedoch nicht Aufgabe der Bauakustik.

Die Geräusche der Straßenbahn bilden eine ganze Klasse für sich: An den Schienenstößen, in scharfen Kurven, an den Weichen und Kreuzungen, auf hohlem Pflaster, am Zuleitungsdraht (Stromabnahmestange), überall können Geräusche entstehen. Die Schienenstöße werden durch Verschweißen der Schienenenden bei Straßenbahnen vermieden, und in den scharfen Kurven sollten die Schienen gut versteift sein, damit sie durch die Reibung der Räder nicht in Longitudinalschwingungen geraten können, bzw. die Räder könnten am Schwingen verhindert werden durch Einpressen von Holz. Die Achsen dürfen nicht zu weit auseinanderstehen, um leicht alle Kurven durchfahren zu können, falls die Kurvenkrümmungen überhaupt so eng sein müssen. Andererseits gerät der Wagen bei schnellerem Fahren in heftige Schleuderbewegungen, wenn er nach vorn und nach hinten zu weit über die Achsen hinausragt, und dabei erregt er durch das fortgesetzte Anstoßen an die Schienen Reibungs- und Stoßgeräusche. — Drehgestelle wieder müssen gut konstruiert sein, sonst klappern und knarren sie auf eigene Faust.

Daß der ganze Wagen auch gut versteift sein muß, ist bei seiner Größe und Geschwindigkeit noch wichtiger als beim Fuhrwerk. Elektromotoren bringen je nach der Beanspruchung verschiedene Töne hervor. Doch genug davon; es sei nur noch erwähnt, daß eine gute Verlegung der Schienen von ganz besonderem Werte ist.

Neben die Gefährte zu ebener Erde treten die Hoch- und Untergrundbahnen. Für sie gilt dasselbe wie für die Straßenbahnen, nur erheischt der Bau des Bahnkörpers, insbesondere der der Viadukte, eine besondere Behandlung. Eisenkonstruktionen geraten naturgemäß leichter in Schwingungen als Massivbauten, weshalb bei ihnen auf feste, ev. isolierte Lagerung (Kiesbettung) der Schienen gesehen werden muß. Die Geräuscherregung nimmt gewöhnlich zu mit der Geschwindigkeit, mit der die Viadukte überfahren werden; also langsames Fahren als Vorschrift! Die weiteren Maßnahmen sind bei der Schalleitung besprochen worden.

Schließlich bringt der Mensch selbst eine Menge störenden Schall hervor: Ausrufen, Klingeln (Radfahren), Tuten usw., besonders solche Zeichen, die scharf und plötzlich auftreten, um sich zu irgendwelchem Zwecke bemerkbar machen zu können. Weniger zweckdienlich, aber um so unangenehmer ist das Lärmen spielender Kinder. Musiküben bei offenem Fenster darf von dem Unbeteiligten füglich als störende Schallerregung bezeichnet werden. Die Propellergeräusche der Flugzeuge spielen wegen ihrer Seltenheit zum Glück noch keine unangenehme Rolle, obwohl man gegen sie wegen ihrer ungewohnten Angriffsrichtung oft gar nicht geschützt ist.

Wie auch immer die Geräusche entstehen, sie gewinnen an Eindringlichkeit, je kahler die Straße ist, je höher die Häuser sind und je weniger absorptionsfähig das Material der Umfassungsmauern selbst ist. Wieviel von diesem Schalle in die Wohnungen eindringt, hängt außer von der Leitung durch den Erdboden und von der Beschaffenheit der Wände, Türen und Fenster von der Höhe und Nähe der gegenüberliegenden Häuser ab. Die schlimmste Zeit ist der Sommer, wenn sich alles auf der Straße tummelt und die Fenster offen stehen; dagegen sind die dickbeschneiten Straßen das Ideal des ruhebedürftigen Menschen. Zu erwähnen ist nur noch, daß der Schall etwas gedämpft wird, wenn viele Fenster offen stehen und die Zimmer stark absorbieren, doch dieses Mittel kann nicht mit gutem Gewissen als Abwehrmaßregel empfohlen werden.

Anordnung der Wohn- und Arbeitsräume[1]).

Neben die rein technischen Maßnahmen treten die der Einteilung der ganzen Gebäudekomplexe als auch die der einzelnen Räume innerhalb eines Hauses, die hier kurz angedeutet werden sollen. Da ein bestimmter Schall vor allem dann stört, wenn außer ihm keine bedeutenderen akustischen Einwirkungen stattfinden, sind die geräuschvollen Betriebe möglichst zusammenzulegen, während die ruhigeren Arbeiten davon getrennt zu erledigen sind. Vom akustischen Standpunkte aus — abgesehen von anderen Erwägungen — ist im Städtebauwesen darauf hinzuwirken, daß Viertel für die Industrien mit Geräuscherzeugung, Geschäftsviertel und Wohnviertel voneinander gesondert ausgebildet werden. Wegen der Übertragung des Luftschalles sollten die Industrieviertel so liegen, daß der Wind den Schall möglichst selten in die Stadt treibt, also meist im Nordosten. Dem Handel und Kleingewerbe stehen das Zentrum der Stadt und die Verkehrsstraßen der Wohnviertel zu. Die Wohnungen, in denen man am meisten der Ruhe bedarf, liegen an Straßen, die wenig Durchfuhrverkehr haben. Diese Trennung ist in den Vereinigten Staaten in weitgehendem Maße durchgeführt worden.

Die besondere Gestaltung der Straßen war im vorhergehenden Abschnitt behandelt worden. Während an ruhigen Straßen die Wohnhäuser in beliebiger Weise ausgebildet sein können, ist es tunlich, sie an den größeren Verkehrsstraßen zu ganzen Blocks zusammenzuschließen, in die bei einiger Höhe der Häuser der Schall nicht eindringen kann, abgesehen von sehr tiefen Tönen, die über die Häuser gebeugt werden, die aber als gewöhnlich schwaches unbestimmtes Brummen nicht stören. Damit wird eine weitere seitliche Verbreitung des Schalles vermieden. Dieser wird also auf der Straße zusammengehalten, weshalb er daselbst durch die Reflexion verstärkt zur Wirkung kommt. Aber die Konzentration ist schließlich das kleinere Übel gegenüber dem freien Herumwandern, da der Schall dann überall und von allen Seiten sich als ungebetener Gast einstellen kann.

---

[1]) Die Anregung zu diesem Kapitel verdanke ich ganz besonders den Arbeiten von Prof. Nußbaum.

Die Erzeugung von Geräuschen, wie Teppichklopfen, Klavier-
üben usw. in ruhigen Straßen und Höfen ist durch gesetzliche
Bestimmungen auf die Stunden des Tages zu legen, da sie am
wenigsten stören, oder um wenigstens die Nachbarn zu schonen,
sind die Fenster beim Üben zu schließen. Selbstverständlich muß
während der Nachtzeit, in der ein jeder die Ruhe zu genießen das
Recht haben soll, in der aber gerade wegen der allgemeinen Ruhe
schon sehr schwache Schalle unangenehm werden können, auf
Unterlassung jeder Art von Erregung störender Schalle gehalten
werden. In der Nacht wird übrigens der Schall durch die Luft
weiter fortgepflanzt als tagsüber, weil die aufsteigenden Wärme-
ströme fehlen, die bei Tage den Schall nach oben ablenken.
Bäume in den Straßen und in Höfen, sowie Gartenanlagen (Beete
und Rasen) tragen wesentlich dazu bei, den Schall zu absorbieren,
so daß er nicht zu voller Wirkung kommen kann. Durch Vorgärten wird zudem die Straße verbreitert, wodurch die Schallwirkung vermindert wird (vgl. S. 27, Nachhall). Geschlossene
Blocks sind andererseits dann wünschenswert, wenn innerhalb
derselben sich Werkstätten befinden, deren Geräusche nicht auf
die Straße und von da in andere Wohnungen gelangen sollen.

Auch innerhalb eines Hauses muß eine Anordnung der Bäume
mit Rücksicht auf die Akustik getroffen werden. Die meisten
Geräusche und Töne entstehen auf dem Fußboden, oder sie werden
wenigstens durch einen festen Körper auf ihn übertragen, und
deshalb ist es natürlich, daß der Schall stärker von oben nach
unten als umgekehrt zur Wirkung kommt. Der Fußboden braucht
nur den Schall nach unten abzugeben, während aufwärts entweder
erst eine Umsetzung von Luftschall in Bodenschall oder eine Leitung durch die Seitenwände nötig ist. Aus dieser Erkenntnis her-
aus legt man ruhebedürftige Räume (Studierräume, Hörsäle, Lesezimmer, Schlafzimmer) nach oben, soweit das, wie in Eigenheimen,
möglich ist, während Musikzimmer, Küchen, Arbeitsstätten nach
unten zu verweisen sind. Daß Ruheräume und Lesezimmer mit
möglichst stark absorbierendem Material (Teppichen usw.) aus-
gestattet sein sollten, braucht hier nur erwähnt zu werden (vgl.
S. 29). Neben der eben bemerkten einseitigen Richtung der Schall-
verbreitung kommt noch das größere Gewicht der unteren Mauern
zur Geltung, denn diese nehmen den Schall in geringerem Maße
auf. Durch Nebentreppen leitet man den geräuschvollen Boten-

verkehr von den Haupträumen ab. In Mietshäusern sollten die lärmenden Räume (z. B. auch Fahrstühle) von den anderen etwas abgelegen und durch dichte Wände und Türen getrennt sein. In Hotels schützt man die Zimmer gegen die Geräusche in den Hauptfluren durch starke Doppeltüren oder durch Verlegung der Türen in kleine Nebengänge.

Die Türen nach den Aufgängen hinaus, die wegen ihrer geringen Absorption und wegen ihres harten Fußboden- und Wandbelages, bzw. wegen der elastischen Treppen stark schallend wirken und die dem Schall von einem Stock in den anderen freien Weg geben, müssen ebenfalls aus festem Material bestehen und gut schließen oder mit Windfängen versehen sein. Glasscheiben dürfen nicht zu dünn gewählt werden. Die Vermeidung der Geräuschentstehung durch Läufer u. dgl. ist eingangs behandelt worden. In den Häusern von Baublocks ohne lärmende Betriebe im Blockinnern, wie auch bei Einzelhäusern könnten die Küchenräume an der Straße liegen, während für die ruhebedürftigen Räume die Rückseite (Hof- oder Gartenseite) der Straßenseite vorzuziehen ist. Trotzdem genießen in den meisten Hotels die Straßenzimmer mit ihrem Lärm den Vorzug im Preise. Nur bei verhältnismäßig wenig Bauten konnte man den Wirtschaftsräumen einen besonderen Hof zuweisen, so daß die meisten Hinterzimmer an einem Schmuckhof oder an einem Garten zu liegen kamen. Durch verbesserte Fensterkonstruktionen sucht man den Wert der Vorderzimmer zu heben, doch ich glaube, daß man noch zu wenig an einen Luftschacht längs des Hauses denkt, damit die auf der Straße entstehenden Erschütterungen nicht in das Haus geleitet und von den Mauern oder besonders von den großen Fensterscheiben an die Luft abgegeben werden können. Auch kleine Vorgärten mit möglichst tief aufgelockerter Erde oder Kies sind sehr dienlich zur Isolation gegen den Bodenschall, bzw. die Erschütterungen der Straße.

Wenig ausgenützt werden bisher — wenigstens in Deutschland — die wunderbar ruhigen Plätze auf den Dächern der Häuser. In Amerika macht man reichlich von ihnen Gebrauch, um einen kleinen Garten anzulegen, in dem man Ruhe und verhältnismäßig gute Luft in nächster Nähe beim Heime genießen kann. Als besonderen Schallschutz errichtet man noch eine besondere kleine Mauer nach der Seite hin, von der der meiste Schall kommt.

Auch bei Oberlichtern von Sälen sollte eine solche immer weich geputzte Mauer aufgeführt werden, falls von der Seite Schall an das Glas gelangt. Nur muß darauf geachtet werden, daß nicht durch einseitig hochstehende Mauern, z. B. Giebel von Nebenhäusern, Reflektoren gebildet werden, die den Schall nach dem Oberlicht reflektieren bzw. beugen (vgl. Fig. 31).

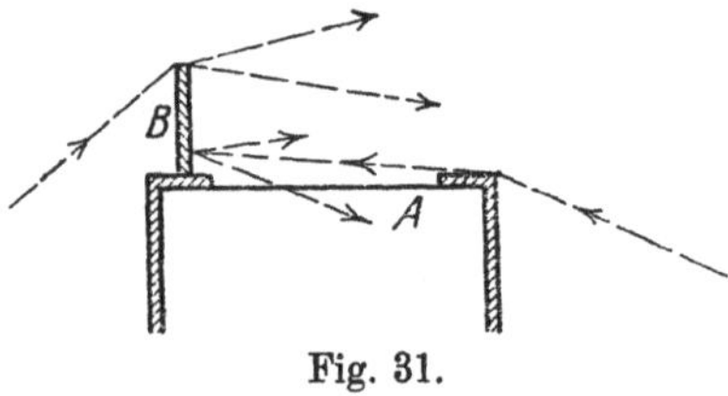

Fig. 31.

Dünnwandige, also schalldurchlässige Ausstellungshallen, die an lärmenden Plätzen liegen, hallen sehr stark, denn im Innern wirkt der Schall, durch die vielfachen Reflexionen verlängert und verstärkt, häufig bedeutend störender als draußen im Freien, besonders wenn in den Hallen wenig Absorption stattfindet.

Alle gewonnenen Erfahrungen müssen zur vereinigten Anwendung kommen bei den am meisten ruhebedürftigen Hausanlagen, z. B. bei Kranken- und Irrenhäusern.

Literatur.

Berger, Rich., Dr.-ing., Über Schalldurchlässigkeit, Diss. München 1911 (eingehende Behandlung der Theorie und zahlreiche Literaturangaben).

— Über Erschütterungen. Gesundheitsingenieur 1913, S. 433.

— Hamburger Fremdenblatt 1912, 25. Sept.

— Die Hygiene 1912, Schutz gegen Schall, S. 176, 180.

Müller Rich., Dr.-ing., Über Resonanzerscheinungen an Hochbauten. Antrittsvorlesung a. d. Techn. Hochschule Dresden; 1912.

Sieveking u. Behm, Akustische Untersuchungen, Ann. d. Phys. 1904, S. 793.

Behm, Schallisolation, Bayr. Ind.- u. Gewerbeblatt 1906, Nr. 4 u. 5.

Hornstein, Versuche über Schallmessung. Diss. Tübingen.

Jäger, G., Zur Theorie des Nachhalls. Wiener Sitzungsberichte CXX, Mai 1911.

Grüneisen, E., Über das Verhalten des Gußeisens bei kleinen elastischen Dehnungen. Verhandl. d. d. phys. Ges. 1906, S. 469.

Kohlrausch u. Grüneisen, Berliner Sitzungsberichte 1901, S. 1086.

Rood, O. N., Sill. Journ. (3) Bd. 19, S. 133 (1880).

Tufts, Sill. Journ. 13, 1902 und Ann. d. Phys., Beibl., Bd. 26, 1902, S. 1025.

Vierordt, K. v., Die Schall- und Tonstärke u. d. Schalleitungsvermögen der Körper. Tübingen 1885.

Weisbach, F., Versuche über Schalldurchlässigkeit, Schallreflektion u. Schallabsorption. Diss. Leipzig 1910. (Auszug in den Ann. d. Phys. 1910, S. 763.)

Mc. Ginnis u. Harkins, The transmission of sound through porous and non porous materials. Phys. Review 33, S. 128, 1911.

Ottenstein, Rud., Dipl.-Ing., Über Schalldurchlässigkeit von Baumaterialien und ausgeführten Wänden. Gesundheitsingenieur 1913, Nr. 19.

Braikowich, Der Korkstein als Schalldämpfer. Gesundheitsingenieur 1910, S. 581.

— Schallschutz bei Bauwerken. Techn. Gemeindeblatt (Berlin) 1911, S. 59.

Bautechnische Mitteilungen des Stahlwerksverbandes zu Düsseldorf 1912, S. 10 (Heft 1); S. 33 (Heft 3); S. 61 (Heft 4).

Kasten, H., Versuche über die Wirksamkeit von Vorkehrungen gegen die Übertragung von Geräuschen und Erschütterungen. Z. f. Dampfkessel- u. Maschinenbetrieb, XXXV (1912), S. 209, 223, 230.

Wittich, Untersuchungen betr. Fortpflanzung des Schalles, bes. für Untergrundbahnen. Deutsche Bauzeitung 1905, S. 234.

Deutsche Bauzeitung 1905, S. 250; desgl. 1899, S. 424 (Lehnhoff).

Der Baumeister, Neue Erfahrungen über Schalldämpfung. 1906, S. 33.

Nußbaum, H. Christ., Leitfaden d. Hygiene (1902), S. 297 u. 318.

— Schallschutz in Wohnungen. Z. f. Arch.- u. Ingenieurwesen 1904, S. 519.

— Die hygienischen Ansprüche an die Lage und die Bauart des Wohnhauses. Hygienische Rundschau 1913, Nr. 1 u. 2.

— Gesundheitsingenieur 1910, S. 257. Ergebnisse von Studien über Schalldämpfung.

— Z. f. Heizung, Lüftung u. Beleuchtung 1906, S. 217, 227. Notwendigkeit i. d. Erzielung v. Schallschutz innerhalb der Großstädte.

— Desgl. Z. f. d. Baugewerbe (Halle) 1906, S. 91, 97.

— Von d. Schallbeseitigung. Deutsche Bauhütte 1906, S. 392.

Tonindustriezeitung 1908, S. 1559. Bericht über die XI. Hauptversammlung des deutschen Betonvereins. (Angaben über die Schallsicherheit verschiedener Deckenkonstruktionen.)

Z. f. prakt. Maschinenbau 1912, 10. April.

Breymann, Schalldämpfung. Z. f. d. Baugewerbe (Halle) 1909, S. 70.

Baumaterialienmarkt 1911, S. 753. Schalldurchlässigkeit von Wänden.

Kos, Schallsicherheit leichter prov. Holzwände. Die Bauwelt 1911, S. 25.

— Schallsichere Brandmauern. Baumaterialienmarkt XII, 1913, S. 1038.

Nitsche, Schallsichere Decken u. Wände. Die Bauwelt 1911 (Nr. 89), S. 35.

Müllauer, Schalldämpfende Vorkehrungen. Elektrotechn. Z. 1911, S. 185.

Ohnstein, Schalldämpfung in Fabrikgebäuden. Z. f. Gewerbehygiene 1904.

Hannach, Isolierung des Schalles u. Erschütterungen in techn. Betrieben. Z. f. Gewerbehygiene 1911, S. 387.

— Desgl. Z. f. d. Baugewerbe 1911, S. 123.

— Desgl. Eis- u. Kälteindustrie 1911, S. 128.

Z. f. Gewerbehygiene 1904: Anwendung des Haarfilzes zur Schalldämpfung in Wohngebäuden u. in techn. Betrieben.

Z. f. d. Baugewerbe 1909 u. 1911, S. 123.

Schoenfelder-Elberfeld, Die Schallsicherheit unserer Decken. Z. f. Schulgesundheitspflege 1910, S. 81.

Kreß, Erfahrungen u. Vorschläge über Schalldämpfung bei Bauwerken. Techn. Gemeindeblatt (Berlin) 1911, S. 59.

Techn. Gemeindeblatt 1910, S. 281, 297.

Panzer, Über Schalldämpfung. Deutsche Bauhütte 1901, S. 68.

Deutsche Bauhütte 1901, S. 90, 96, und 1906, S. 11.

Beton u. Eisen 1911, S. 121, 149.

Stepherd, Ivory Franz, A noiseless room for sound experiments. Science (N. S.) 26, 878, 1907.

Gerb, Isolierungen von Maschinen-Erschütterungen und Geräuschen. Techn. Echo 1912, S. 54.

Strohschneider, Elastische Druckverteilung und Drucküberschreitungen in Schüttungen. Wiener Sitzungsberichte 1912, S. 299.

Nicolaus-Berlin, Schalldämpfende Aufstellung von Maschinen. Archiv f. Buchgewerbe 1908, S. 240.

Mautner, Dr., Deutsche Vierteljahrsschrift f. öffentl. Gesundheitspflege 1913, Bd. 45, Heft 1, S. 96 (Zusammenfassende Darstellung).

Schopper, Über Schalldichtigkeit fester Wände. Baugewerkszeitung 1902, S. 1363.

Demski, G., Die Schalldichtigkeit von Deckenkonstruktionen. Internat. Organ f. armierten Beton, Wien 1903, S. 146.

— Bericht des Ausschusses zur Prüfung der Schalldurchlässigkeit. Z. d. Österr. Ing.- u. Arch.-Ver. 1903, S. 223.

Experimentaluntersuchungen zur Messung der Erderschütterungen. Verhandlungen d. Ver. z. Förderung d. Gewerbefleißes, Berlin 1913, Heft 2, 3, 4, 5.

Greis-M.-Gladbach, Erfahrungen über Herstellung akustisch einwandfreier Decken- u. Mauerkonstruktionen. Techn. Gemeindeblatt, Berlin 1910.

— Desgl., Jahresversammlung d. Vereinigung d. techn. Oberbeamten deutscher Städte, Elberfeld 1910.

Fischer-Stuttgart, Auspuffgeräusche bei Erdölmaschinen. Z. d. Bayr. Rev.-Ver., XVI. Jahrg., Nr. 7.

Haas, B., Isolierung eingemauerter Holzbalkenköpfe. Der Baumeister, 8. Jahrg., 9. Juni 1910, Beil. S. 101.

Schalldämpfung in Fabrik- u. Wohngebäuden. Berliner Tageblatt 1903, Nr. 28 u. 41.

Die Erdbeben u. ihre Beziehung zur Bautechnik. Rombergs Z. 1880, S. 154.

v. Dormandy, Schalldämpfer u. ihre praktische Bedeutung. Schuß u. Waffe 1912, S. 127.

Spillner, Sicherung der Gebäude gegen die Wirkungen des Erdbebens. Zentralbl. d. Bauverw. 1881, S. 70.

Scientific American 1909, S. 108.

Herzog, S., Über die Luftdurchlässigkeit von Geweben. Technische Rundschau (Berliner Tageblatt), 7. Mai 1913.

Schriften des Lärmschutzverbandes.

Martens, F., Demonstrat. d. Fortpfl. d. Schalles in einer Röhrenleitung. V. d. Phys. Ges. 9, 113—115 (1907).

Sander, P., Das Ansteigen d. Schallerregung bei Tönen verschiedener Höhe. Psycholog. Studien (Wundt) 1910, S. 1.

Kafka, Über das Ansteigen der Tonerregung. Psych. Studien (Wundt) 1907, S. 256.

Brücke, E., Über die Wahrnehmung der Geräusche. Wiener Berichte, 3. Abt., XC. Bd., 1884, S. 199.

Pinkenburg, Der Lärm in den Städten. Handbuch d. Hygiene (Sonderabdruck).

Auerbach, Akustik (Winkelmann, Handbuch d. Physik).

Rayleigh, Theory of Sound.

Baukunde des Architekten.

Föppl, Techn. Mechanik.

Küppers, Schalldämpfer. Monatsschrift f. ärztl. Polytechnik 1907, S. 29.

Weitere Artikel i. d. Hand- u. Lehrbüchern, sowie Zeitschriften über Baukunde, Physik, Ohrenheilkunde, Psychologie, Hygiene, Erdbebenkunde u. Meteorologie.